核心素养导向
化学教学设计与实施

姜显光 ◎ 主编

長春出版社
全国百佳图书出版单位

图书在版编目(CIP)数据

核心素养导向化学教学设计与实施 / 姜显光主编
.— 长春 : 长春出版社, 2023.12
ISBN 978-7-5445-7280-4

Ⅰ.①核… Ⅱ.①姜… Ⅲ.①化学教学-教学设计-
高等学校-教材 Ⅳ.①06

中国国家版本馆 CIP 数据核字(2023)第252003号

核心素养导向化学教学设计与实施

主　　编　姜显光
责任编辑　孙振波
封面设计　宁荣刚

出版发行　长春出版社
总 编 室　0431-88563443
市场营销　0431-88561180
网络营销　0431-88587345
地　　址　吉林省长春市长春大街309号
邮　　编　130041
网　　址　www.cccbs.net

制　　版　荣辉图文
印　　刷　三河市华东印刷有限公司

开　　本　710毫米×1000毫米　1/16
字　　数　213千字
印　　张　12.5
版　　次　2023年12月第1版
印　　次　2024年1月第1次印刷
定　　价　65.00元

前　言

本书是为高等院校化学教育专业本科生编写的教材，也可列为各类教育学院和教师进修学校开展化学教师培训和继续教育的参考书目，还可供化学课程与教学论专业的研究生和化学教育理论和实践研究人员参考。

2018年以“学科核心素养”为基本理念的普通高中各学科课程标准颁布实施，2022年以“核心素养”为基本理念的义务教育课程标准颁布实施，标志着我国新一轮基础教育课程改革顶层设计已经完成。自此，“课改”进入“改课”阶段，即在基础教育一线课堂中开展“素养导向”的课堂教学。如何学习、体会新课程标准的基本理念？如何用好化学教材？如何在课堂教学中落实课程目标？如何进行核心素养导向的教学设计？如何更好地进行课堂教学实施？如何做好学习评价和促进教师专业发展？这一系列问题的答案都需要化学教育界的广大同行坚持开展一线教学实践，进行深入研究并寻找解决问题的突破口，为“核心素养”导向的课堂教学的理论创新和实践案例研究付出努力。化学教师是化学课程改革、创新的实践者，是推动化学新课程改革的中坚力量，对化学新课程的有效实施起着至关重要的作用。

本书以化学、教育学、心理学等的相应理论为基础，在继承优秀的传统教学研究成果基础上，突出强调更新化学教师的教学思想和教学观念。

本书包括化学教学基本概念、化学教材分析、学情分析、化学学科理解和学习进阶、化学教学设计、化学课堂教学实施、化学实验及化学实验教学、化学教学反思与化学学习评价等8章。化学教学基本概念阐述了对化学教学概念的认识和化学教学一般理论，并节选了新课程标准及其解读中关于化学学习内容的教学功能和教学策略的部分内容，作为教学设计的目标依据，进一步明确教学定位。化学教材分析包括化学教材分析概述和分析模式。学情分析介绍了中学生心理特征分析、化学学习认知障碍诊断及消除策略。化学学科理解介绍了化学学科理解的价值、内涵及一般路径等；学习进阶介绍了价值、内涵、理论基础及构成要素等。化学教学设计分别从宏观、中观、微观三个层面阐释设计理念、过程设计和活动设计。化学教学实施包括化学课堂教学实施的一般技能和素养导向的化学教学实施。化学实验教学部分包括化学实验概述、化学教学实验的设计与实施及化学实验教学的设计与实施。化学教学反思介绍了反思的功能、过程、方法、内容；化学学习评价介绍了日常学习评价和学业成就评价。

参加本书编写的有：姜显光（第 1 章第 1、3 节，第 2 章，第 5 章和第 6 章第 2 节，沈阳师范大学）、刘东方（第 1 章第 2 节，第 6 章第 1 节，沈阳师范大学）、庄严（第 3 章，第 8 章第 1 节，东北育才学校）、单媛媛（第 4 章，东北师范大学）、孙佳林（第 7 章，重庆师范大学）、芦峰（第 8 章第 2 节，东北师范大学博士研究生）等。全书由姜显光修改、定稿。在编写过程中，作者参考了大量的相关文献，有的做了引用，在这里深表谢意！

虽然编写人员认真地进行了编写、修改，但由于水平有限，缺点、错误在所难免，望广大读者提出宝贵意见。

姜显光

2023 年 10 月

目 录

第一章　化学教学基本概念

本章内容是化学教学设计与实施的一般理论基础，即化学教学设计的基本原则、化学教学策略和方法等。明确基于主题知识进行化学教学设计与实施的方向和基本策略。

第一节　化学教学

化学教学包含“化学”和“教学”，是学科教学的重要组成部分，因此既具有学科属性，又具有教育属性。

一、化学学科概述

（一）研究对象

研究对象是学科存在和发展的基础。1661 年，英国化学家波义耳提出元素概念，标志着化学作为一门独立学科的确立。1803 年，英国化学家道尔顿提出化学意义上的原子概念；1811 年，意大利化学家阿伏伽德罗提出分子假说。化学的研究对象是化学学科创立早期科学家们研究、争论的焦点。经过多年争论和深入研究，直到 1860 年，意大利科学家康尼查罗运用历史与逻辑相统一的观点，提出分子由原子构成，才将原子、分子概念厘清，确立了分子是化学学科的研究对象。

美国学者拜里、奥利斯在《生物化学工程》中给出宇宙和生物直观尺谱图，原子世界、分子世界、生物世界、宇观世界的尺度分别为小于 10^{-10} 米、10^{-10}～10^{-7} 米、10^{-7}～10^{2} 米、大于 10^{2} 米。分子世界属于微观世界，是肉眼无法认识和识别的世界。

（二）研究问题

化学构成体系决定了化学研究问题，相应地，化学研究问题紧紧围绕化学构成体系展开。化学构成体系包括化学方法体系、化学知识体系、化学价值体系。化学方法体系解决如何研究化学的问题，化学知识体系解决化学研究什么的问题，化学价值体系解决为什么研究化学的问题。

化学知识体系是化学研究问题的核心，主要包括物质的组成、结构、性质、转化等，这些问题又聚焦于“转化”问题，这也是化学“创造世界”的根本。物质转化的基础是物质的组成和结构，遵循物质转化规律，反映了物质的通性与个性，目标指向于应用。

（三）本质特征

微观层次认识物质。化学的研究对象是分子，是肉眼无法识别的微观世界。微观世界的理论基础是量子力学，因此具有与宏观世界完全不同的运动规律。

化学变化创造物质。化学研究问题的焦点是物质转化，通过转化实现物质的组成、结构、性质的转变，创造出新物质。

（四）价值

分子世界是原子世界与生物世界的中间层次，具有承上启下的作用，从结构上解决实际问题，创造出具有不同化学性质和功能价值的新物质。

第一，推动人类社会文明向前发展。化学是材料科学、生命科学、环境科学、能源科学、信息科学、航空航天工程等现代科学技术发展的重要基础。材料、能源、信息是当今社会发展的三大支柱，这些领域的发展进步与人类对物质的理解、认识的逐步深入密不可分。如航空航天工程中的推进剂、制氧剂等；制作飞船舱体的材料，防止飞船与大气摩擦产生的高温对航天员造成伤害的隔热材料、宇航员穿的太空服；信息传输、储存的半导体材料等。人类日常生活中的吃、穿、住、用、行都离不开化学。

第二，促进人类社会可持续发展。人类社会文明向前发展的同时，也存在能源危机、环境污染、食品安全、突发公共事件等挑战，这些问题会对人类社会的持续发展造成阻碍，在解决这些问题时，化学发挥着不可替代的作用。

二、教学概述

《中国大百科全书·教育》中把“教学”界定为：“教学，教师的教和学生的学的共同活动。学生在教师有目的有计划地指导下，积极主动地掌握系统的文化科学基础知识和基本技能，发展能力，增强体质，并形成一定的思想道德。”①

在学科教学中，学科属性解决载体问题，即教什么；教育属性解决育人问题，即如何教。在化学教学中，教师和学生都要树立正确的教学理念，正确认识和运用化学教学基本原理、方法和原则，把握教学系统中各要素的相互联系和整体功能，达到教学效果最优化。

第二节　化学教学一般理论

一、化学教学理念

化学教学理念是对化学教学的总的观点或看法，体现了化学教学的基本原则，对化学教学设计、实施具有方向指引、过程调控、结果审视的功能。在基础教育课程设置中，化学课程分布在义务教育学段和高中学段，针对不同学段的学生，化学教学基本理念是一致的。

（一）充分发挥化学课程的育人功能

化学课程要以习近平新时代中国特色社会主义思想为指导，全面贯彻党的教育方针，落实立德树人的根本任务，培养有理想、有本领、有担当的时代新人。

在义务教育阶段，化学学科育人集中体现在核心素养上；在高中阶段，化学学科育人集中体现在化学学科核心素养上。核心素养和化学学科核心素养都要求学生通过课程学习逐步形成适应个人终身发展和社会发展所需要的正确价值观念、必备品格和关键能力。化学课程立足学生的生活经验，引导学生形成

---

① 中国大百科全书编辑部．中国大百科全书：教育卷［M］．北京：中国大百科全书出版社，1985：150.

正确的世界观、人生观、价值观，厚植家国情怀，树立为中华民族伟大复兴和推动社会进步而奋斗的崇高追求。

（二）以促进学生发展为最终目标

教育的根本目的是育人，促进人的发展。所谓发展是人随着学习的深入和时间的推进而发生积极的、可持续的变化。

在义务教育阶段，化学教学强调化学学科素养、科学领域素养、未来社会公民必备的共通性素养协调培养，即化学观念、科学思维、科学探究与实践、科学态度与责任。

在高中阶段，化学教学强调化学学科核心素养的培养，即宏观辨识与微观探析、变化观念与平衡思想、证据推理与模型认知、科学探究与创新意识、科学态度与社会责任。在高中阶段基于多层次、多样化、可选择的课程设置，保证学生在共同基础的前提下，引导学生学习不同的化学以适应未来发展的多样化要求。

（三）重视化学教学内容的育人功能

化学教学内容是化学教学的载体。义务教育阶段和高中阶段的化学教学内容均以化学学习主题形式呈现，因此要充分发挥化学学习主题的素养功能和育人价值。化学学习主题的框架结构如图 1－1 所示。

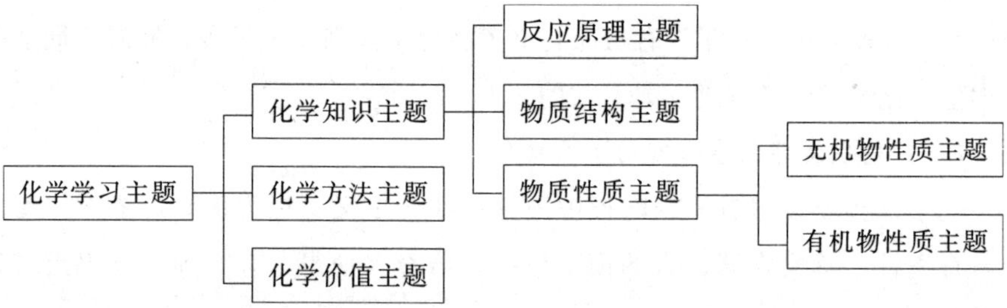

图 1－1　化学学习主题的结构示意图①

在义务教育阶段，化学学习主题包括科学探究与化学实验、物质的性质与应用、物质的组成与结构、物质的化学变化、化学与社会·跨学科实践。

在高中阶段，化学学习主题呈现分为必修课程、选择性必修课程和选修课

① 郑长龙，迟铭．从理念看变化：《义务教育化学课程标准（2022 年版）》解析［J］．教师教育学报，2022，9（03）：129－136.

程。在必修课程中化学学习主题包括化学科学与实验探究、常见的无机物及其应用、物质结构基础与化学反应规律、简单的有机化合物及其应用、化学与社会发展；在选择性必修课程中化学学习主题以模块形式呈现，包括化学反应原理、物质结构与性质、有机化学基础；在选修课程中化学学习主题以系列形式呈现，包括实验化学、化学与社会、发展中的化学科学。

（四）开展素养为本的教学

教学方式转变是学科育人方式转变的根本。以素养为本的教学根本上是通过创设真实的问题情境、多样化的学习活动，促进学习方式改变。重视“教—学—评”一体化，实现课堂教学由掌握知识到发展素养的转变。

在义务教育阶段，课堂教学要积极探索大概念引领的课堂教学改革，教学方式重视科学探究实践和科学思维培养。创设真实情境，激发学习兴趣，设计多样化的学习任务，注重开展项目式学习活动和跨学科实践活动，以基于多样化的学习方式促进学生自主学习和深度学习。

在高中阶段，强调基于化学学科理解进行课堂教学创新，重视化学知识及其思维方式方法的本原性、结构化理解，培育化学学科思维方式、方法，体现学科特质，反映学科思想。创设真实且富有价值的问题情境，激发学习兴趣，开展多样化的探究活动，提升学生的问题解决能力。

（五）实施促进发展的素养评价

树立科学评价观，重视发挥评价的育人功能，实现以评促学、以评促教。改进终结性评价，加强过程性评价。

在义务教育阶段，关注学生核心素养的发展，科学制订评价目标，基于证据诊断学生素养发展水平，关注学生课堂学习表现，优化单元作业整体设计与实施，深化综合评价，探索增值评价。

在高中阶段，树立“素养为本”的化学学习评价观，有效开展化学日常学习评价，提问和点评，练习和作业，复习和考试是日常评价的基本途径和方法。重视开展诊断、发展式评价，使每个学生的化学学科核心素养得到不同程度的发展。

二、化学教学原则

化学教学原则是化学教学必须遵循的基本要求，是长期教学实践经验的总结，具有高度的概括性。基于当前基础教育课程改革，化学教学应遵循如下原则。

（一）基础性原则

基础性是指化学教学要面向所有学生。这要求教学过程中教师所教知识具有代表性，知识所蕴藏的思想及功能价值能被绝大部分学生理解、接受，所创设的情境贴近学生生活，情境创设的意图能被正确理解。

（二）启发性原则

启发性是指化学教学过程中教师要认可、尊重学生的主体地位。教师要发挥主导作用，调动学生的学习积极性，引导学生的学习主动性，启发学生进行自主探索、独立思考和自主建构，发展学生的逻辑思维能力和问题解决能力。

（三）发展性原则

发展性是指化学教学要促进学生核心素养发展。核心素养发展不是一蹴而就的，需要在学习过程中持续培养、发展。教师要基于最近发展区理论，科学、合理地确立核心素养发展的进阶水平，通过设立教学目标、设计教学活动、加强过程性评价等促进核心素养发展。

（四）系统性原则

系统性是指教师传授化学知识要依据其内在逻辑结构进行本原性、结构化处理，依据学生认知能力发展有序地进行教学。教师要对所教化学学科知识进行学科理解，挖掘知识所蕴藏的学科思想，赋予知识学科功能，基于知识关联、认识思路、核心观念等将教学内容进行结构化处理。

（五）互动性原则

互动性是指教师要关注学生的反馈，以此为基础进行教学调节。教师要通过学生课堂表现、作业、考试等多渠道获得学生的反馈信息，以此为基础调节教学活动，使得教学更符合学生实际，达到教学效果的最优化。

三、化学教学策略

化学教学策略是指为解决化学教学问题、完成教学任务、达成教学目标而明确的师生活动及其相互联系与组织方式的谋划。教学策略是教学活动进行指导、监控、调节的准绳。

（一）化学教学策略的层次

基于不同层次教学任务的需要，教学策略可划分为不同层次，根据其层次的差异可划分为高层次化学教学策略、中层次化学教学策略和低层次化学教学策略。

1. 高层次化学教学策略

高层次化学教学策略，即化学教学理念或教学原则，是教师对化学教学总的观点和看法，体现了教师对教育方针、教育目标、教学理论、教学方法体系的理解和认识。

2. 中层次化学教学策略

中层次化学教学策略，即化学教学模式，是指在一定教学思想指导下和丰富教学经验基础上，为实现特定的教学目标而围绕某一主题形成的稳定且简明的教学结构理论框架及其具体可操作的实践活动方式。教学模式包括理论基础、功能目标、实现条件、活动程序四个基本要素。① 化学课堂常用的教学模式如下：

（1）传递—接受式②

传递—接受式教学模式是指把教学看作学生在教师指导下的一种对客观世界的认识活动，这个认识活动包括掌握系统的基础知识和基本技能、技巧，发展认识能力，养成良好的学习习惯和思想道德品质。此模式是我国中小学长期以来普遍使用的模式。

理论基础：传递—接受式教学模式源于德国哲学家、心理学家赫尔巴特等人提出的“五段教学”，经苏联教育家凯洛夫等人改进后传入我国。其理论基础是辩证唯物主义认识论和有关的心理学、教育学基础理论。

功能目标：教师在课堂上对教学内容做深入分析和系统讲授，向学生传递前人积累的知识、技能和经验，使学生掌握系统的知识，形成新的认知结构。

实现条件：强调教师在教学中的作用，认为教师是教学过程中的中心人

---

① 李如密．关于教学模式若干理论问题的探讨［J］．课程·教材·教法，1996（4）：25－29.

② 陈旭远．课程与教学论［M］．长春：东北师范大学出版社，2002：236－237.

物。教师在教学过程中围绕“三个中心”来进行教学，即以教师为中心、以课堂教学为中心、以教材为中心。

活动程序：传递—接受式教学模式的活动程序如图 1-2 所示。

激发学生动机 ⇨ 复习旧课 ⇨ 讲授新知识 ⇨ 巩固运用 ⇨ 检查评价

图 1-2　传递—接受式教学模式的活动程序示意图

这一教学模式的活动程序是按照学生的认知活动规律来加以规划的，通过教师传授使学生对所学内容由感知到理解，达到领会的目的，然后再组织学生练习、巩固所学内容，最后检查学生的学习效果。

(2) 目标—导控式[①]

目标—导控式教学模式认为，学习是由低到高不同水平逐步递进的，每一个高水平的学习根植于低水平的学习之上，因此设计出由低到高的程序性目标，教师通过评价学生对学习目标的达成度，来调控学生的学习条件和学习时间，发挥学生的最大潜力。

理论基础：目标—导控式教学模式主要依据布鲁姆掌握学习理论、教育目标分类学和形成性评价理论以及控制论原理。

功能目标：根据教学大纲划分单元，制定单元教学目标并组织教学，借助评价、反馈、强化和矫正等活动，保证绝大多数学生达到教学目标要求，为后续学习提供基础。

实现条件：教师是目标的提供者和目标达成的组织者。教师应对所教学科的目标有科学的理解，特别是要以课程标准为依据设计单元目标。

活动程序：目标—导控式教学模式的活动程序如图 1-3 所示。

前提诊断 ⇨ 明确目标 ⇨ 达标教学 ⇨ 达标评价 ⇨ 强化补救

图 1-3　目标—导控式教学模式的活动程序示意图

前期诊断是指教师组织学生对已学相关知识进行简短的检查、提示、复习或回顾，为学习新知识做铺垫。明确目标是指教师通过展示目标让学生对新知识应达到的水平和掌握的范围有所了解；达标教学指通过讲授、提问、练习或

---

① 姚云．八十年代国内教改中教学模式的概括研究［J］．四川师范学院学报（哲学社会科学版），1994（3）：47-52.

自学等形式紧扣目标进行教学，力求让更多的学生掌握教学内容。达标评价是指通过教师评价或学生自评、生生互评等方式评估目标达成度。强化补救是指根据评价反馈信息，采取强化或补救性教学。

（3）自学—指导式①

自学—指导式教学模式是指教学活动以学生自学为主，教师的指导贯穿于学生自学过程始终。

理论基础：自学—指导式教学模式的理论依据是“教为主导、学为主体”的辩证统一教学观，“独立性与依赖性相统一”的学生心理发展观，“学会学习”的学习观。

功能目标：培养学生强烈的自学兴趣和良好的学习态度，让学生主动参与学习，独立地掌握系统的知识；培养学生掌握自学的方法、技巧，逐步提高自学能力。

实现条件：教师的职责由系统讲授变为变相指导、启发，其主导作用并未削弱，相反要求更高了。教师要有正确的教学指导思想，充分相信学生能自学，积极指导学生自学；教师一般要设计出明确的自学提纲，提出必要的自学材料、参考书、学习辅助工具；教师要保证学生的自学时间并有一套指导学生自学的方法。

活动程序：自学—指导式教学模式的活动程序如图 1-4 所示。

提出要求 ⇨ 开展自学 ⇨ 讨论启发 ⇨ 练习运用 ⇨ 及时评价 ⇨ 系统小结

图 1-4　自学—指导式教学模式的活动程序示意图

提出要求是指教师根据教学需要，对自学范围、重点和要解决的问题提出要求，让学生有目的地学习。开展自学是指根据要求，学生自学，教师巡视，了解自学情况，及时解决学生的个别性问题。讨论启发是指对学生提出的具有代表性的问题，教师汇总后再集体讨论，教师的指导是启发、点拨，给学生提供解决问题的思路和方法。练习运用是指解决疑难问题后，教师布置练习，使学生所获得的新知识在运用中得以检验、巩固。及时评价是指教师对练习结果及时评价并根据反馈信息，采取巩固性或补充性教学，以确保学生牢固地掌握

① 姚云．八十年代国内教改中教学模式的概括研究［J］．四川师范学院学报（哲学社会科学版），1994（3）：47-52.

知识。系统小结是指教师让学生将所学知识系统化、概括化，并联系原有知识，从整体上理解所学内容。

（4）问题—探究式①

问题—探究式，也称为引导—发现式，是指教学活动以解决问题为中心，学生在教师指导下发现问题，提出解决问题的方法并通过活动找到答案。

理论基础：问题—探究式的理论依据是杜威的“五步教学法”、皮亚杰的“自我发现法”和“活动教学法”、布鲁纳的“发现法”等教学法原理。

功能目标：引导学生手脑并用，运用创造性思维去获得亲身实证的知识；培养学生发现问题、分析问题和解决问题的能力；让学生养成探究的态度和习惯，逐步形成探究技巧。

实现条件：教师作为引导者，一方面，必须精通问题体系；另一方面，又要允许学生出错，而不过早地判断学生的行为，并鼓励学生大胆质疑。为利于学生省时和有针对性地解决问题，教师要用简明、系统的“问题”形式反映教学内容；另外，教师应根据教学要求，为学生提供探究所需要的材料和场所。

活动程序：问题—探究式教学模式的活动程序如图 1－5 所示。

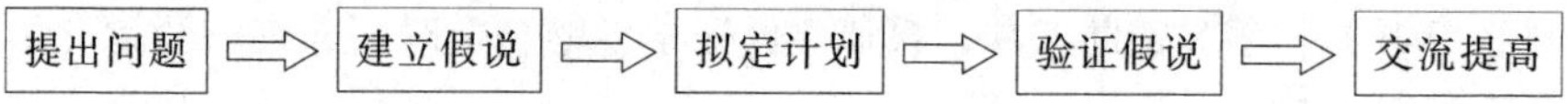

图 1－5　问题—探究式教学模式的活动程序示意图

提出问题是指教师根据教学要求或学生的兴趣，设置一定的问题情境，引导学生提出问题。对于学生提出的问题，教师应对其进行适当加工，使其具有一定的难度和趣味，问题不能太难、太易或无趣。建立假说是指针对问题提出解决问题的可能性设想。拟定计划是指针对假说提出解决问题的计划，计划内容主要包括采用何种探究方式、组织形式和何时完成等。计划一般由学生提出，教师与学生协商后再做出决定。验证假说是指按照计划对提出的假说进行验证。验证包括资料式验证和实验式验证。资料式验证主要是通过学生收集、整理有关假说的材料，经分析、概括，得出结论。实验式验证主要是通过动手做实验，分析和总结实验结果，看假说是否成立与有效。交流提高是指教师引导学生对验证的结果开展相互交流、补充和完善，总结出准确的结论，并通过

① 姚云．八十年代国内教改中教学模式的概括研究［J］．四川师范学院学报（哲学社会科学版），1994（3）：47－52.

练习，使结论在头脑中得以加强。

3. 低层次化学教学策略

低层次化学教学策略，即教学思路，主要针对化学课堂教学系统的构成要素。化学课堂教学系统是指为达成化学教学目标所形成的化学课堂结构，包括内容、活动、情境、评价，其构成关系如图 1-6 所示。

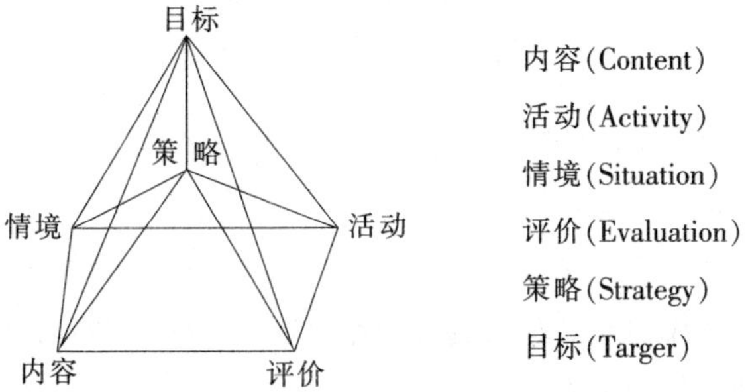

图 1-6　CASES—T 模型①

在 CASES—T 模型中，内容解决学什么的问题，活动解决如何学的问题，情境解决在什么氛围下学的问题，评价解决学得怎么样的问题。通过对四个要素施以策略，解决如何使学生学得更有效，更好地实现教学目标的问题。

例如，为实施“素养为本”的课堂教学，可以采用如下策略：创设真实而有意义的学习情境，引导学生开展建构式、探究式、问题解决式的学习活动，充分利用现代信息技术资源，实施“教—学—评”一体化，开展“素养为本”的化学学习评价等。

针对某一主题的化学学习内容，化学教学策略一般表述为：利用……素材（手段），通过……活动，实现……素养功能。② 素材（手段）、活动、素养功能是化学教学策略的基本要素。不同的化学内容所承载的素养功能是有差异的，这需要进行化学学科理解研究，挖掘学科知识的学科思想和学科功能。

基于上述分析，较高层次教学策略是较低层次教学策略的概括化，较低层次教学策略是较高层次教学策略的具体化。三个层次教学策略间的关系如图

---

① 郑长龙 .2017 年版普通高中化学课程标准的重大变化及解析 [J] . 化学教育（中英文），2018，39 (9)：41-47.

② 普通高中化学课程标准修订组 . 普通高中化学课程标准（2017 年版）解读 [M] . 北京：高等教育出版社，2018：192.

1－7所示。

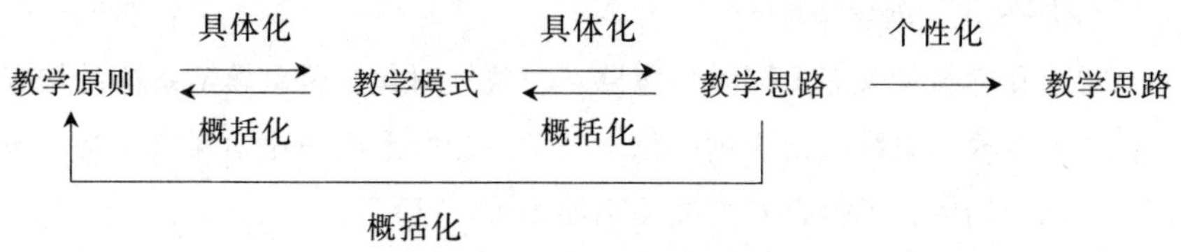

图1－7　不同层次化学教学策略关系示意图

（二）化学教学策略的特点

1. 可操作性

教学策略是为实现教学目标服务的，因此其必然包括具体程序、步骤、方法和手段等，将教学思想转化为具体的教学行为。可操作性是教学思想或教学理论与教学策略的主要区别。

2. 目的性

教学策略是为实现一定教学目标而产生的策划或谋略。教学目标是教学策略的灵魂和制定依据，是实施教学策略的方向标，是评价教学策略有效性的重要标准，因此教学策略具有明确的目的性。如演示实验策略是为了让学生对化学物质的性质有直接的感性认识，为理性认识提供感性基础。

3. 灵活性

在教学过程中，存在许多变量，如学生的心理活动、学生对教学活动的反映、教学活动中的意外变化等，使得教学活动具有一定程度的可变性。教学策略需随动态的教学活动而变化，使二者保持一致，因此具有灵活性。

（三）化学教学策略制定的依据

1. 教学内容和教学目标

不同的教学内容承载不同的素养功能，体现不同的学科思想和学科功能，因此不同的教学内容应选择不同的教学策略。教学策略为教学目标服务，有什么样的教学目标就应该有与之相应的教学策略。

2. 教师

教师是教学策略的操纵者、驾驭者，因此教学策略要与教师的个人实际情况相匹配。充分考虑教师的强项、弱点、经验、能力、兴趣是有效实施教学策略的必要保证。教师应该学会运用多种教学策略来适应学生需要。

3. 学生

在教学过程中，使用教学策略的直接目的就是促进学生学习、发展，因此教学策略的选择要符合学生的身心特点、兴趣、爱好、学习风格，这是教学策略达到预期效果的前提。

4. 学校的物质条件

为保证教学策略能够顺利实施，制定教学策略要充分考虑学习的物质条件，如教学仪器设备、实验室装备条件和教学资源等。

四、化学教学方法

教学方法是教学过程中，为实现教学目的、完成教学任务而采取的教与学相互作用方式的总称。在本质上，教学方法是由学习方式和教学方式协调一致的效果决定的。

教学方法的目的在于引起学生学习准备、维持学生的注意和兴趣，以学生能接受和乐于接受的方式呈现教学内容，强化和调节学生的行为，解决学生的学习障碍，满足学生学习的需要。

（一）化学教学方法的指导思想

化学教学方法的指导思想有注入式和启发式两种。

注入式是指教师从主观出发，把学生看作单纯接受知识的容器，向学生灌输知识，无视学生的主观能动性。启发式是指教师从学生实际出发，采取各种有效形式去调动学生的积极性和主动性，指导学生学习。

指导思想不是教学方法，教学方法在不同教学思想指导下，可能起到启发的作用，也可能出现注入式的情况。从学生认知规律来看，启发式教学有助于学生打破原有认知结构，不断激发认知需要，促进学习水平的提高。

（二）化学教学中常用的教学方法

在化学教学中的教学方法大致可分为语言法、直观法、技能训练法等。

1. 语言法

语言法是以语言形式获得间接经验的方法的统称，包括讲授法、谈话法、讨论法等。

(1) 讲授法

讲授法是化学教学中教师运用语言系统连贯地向学生传授知识，引导学生学习的一种教学方法。常见形式包括讲述、讲解、讲演、讲读等。讲述法是指教师向学生叙述或描述事实材料的教学方法，如讲述化学家生平、化学发展史等；讲解法是指教师通过分析、综合、解释和论证概念、原理或公式以揭示本质的教学方法；讲演法是指教师分析、论证、系统阐述化学教材的教学方法；讲读法是指采用朗读课文或复述课文内容，边讲边读的教学方法。讲授法的四种形式没有严格、明显的界限，往往是多种形式交替或综合使用。

使用讲授法的要求：语言要清晰、准确、精练，语音强弱适中，语调富于变化，能引起学生的兴趣。基于所讲内容，语言要有逻辑性，条理清晰，层次分明，重点突出，详略得当。语言要有启发性、诱导性和感染力。

（2）谈话法

谈话法是指教师和学生通过口头问答或教师设问等方式进行教学的方法。谈话法有助于激发学生的学习兴趣，培养学生独立思考能力和语言表达能力；也有助于教师了解学生对知识、技能的掌握情况，及时获得反馈。

使用谈话法的要求：准备好谈话的问题，安排好谈话过程。教师要充分考虑学生的知识、经验等，提出相应的问题。拟好谈话提纲、提问顺序。谈话中要善于启发，启发学生从已有的知识、经验入手，启发学生研究问题或矛盾的关键所在。谈话后要进行归纳、总结。通过谈话使问题基本解决后，要及时进行归纳、总结，帮助学生准确地理解和掌握知识，形成系统化的知识结构。

（3）讨论法

讨论法是指为解决某一问题，教师组织学生以小组为单位运用化学基础知识进行探讨、明辨是非以获取知识、完成化学教学任务的教学方法。讨论法有助于同学间相互启发、相互学习、取长补短。

使用讨论法的要求：讨论的问题要有价值。问题要有研究价值、富于思考性。讨论中教师要善于启发学生思考，调控学生的注意力，讨论的问题还要难易适中，有吸引力。讨论后教师要及时总结，针对讨论过程中出现的情况进行总结，使学生获得正确的知识。

2. 直观法

直观法是指以直观的形式获取直接经验以获得感性认识的方法，包括演示法、参观法等。

（1）演示法

演示法是指教师在课堂上通过展示各种实物、模型等直观教具或进行示范性实验，以及采用现代教育技术手段（如多媒体计算机辅助教学），使学生获得感性认识的教学方法。演示法是一种辅助性教学方法，要和讲授法、谈话法结合使用。

使用演示法的要求：演示前，教师要根据教学实际需要，做好材料准备。特别是演示实验，教师要反复试做，做到中心突出，现象明显，操作规范，确保能达到预期效果。演示过程中，教师要演示、讲授相结合；引导学生积极主动思考，看什么、怎么看、思考什么等；演示时间要适当。演示后，让学生基于现象关联知识，基于现象挖掘本质，基于思考形成化学概念。

演示法是将实际事物与理论知识关联起来，将感性认识上升到理性认识，将感性材料形成科学概念的教学方法。

（2）参观法

参观法是指教师根据化学教学目的要求，组织学生到校外（工厂、农村、博物馆、展览馆、科技馆、电化教育馆等）参观，使化学教学与实际生产、生活相联系，以扩大学生的视野，深化对化学知识本质的认识，感受化学知识价值的思想教育。

使用参观法的要求：参观前，教师要基于教学目的，明确参观任务，了解参观场所，并对学生进行纪律教育和安全教育。参观时，教师要注重与讲解、谈话等教学方法相结合，引导学生有目的、有重点、集中注意力地观察，教给学生观察方法和顺序等。参观后，教师要通过问答、讨论、练习等方式，对参观过程进行回顾、总结、提升，将感性经验与理性知识相关联。

3. 技能训练法

技能训练法是培养、训练学生技能技巧的方法，包括练习法、实验—探究法、指导阅读法等。

（1）练习法

练习法是指在教师指导下，学生通过实践，将所学知识运用于实际，通过读、写、算、做等去反复完成一定的操作程序，巩固知识，形成技能、技巧，并发展能力的教学方法。

练习法可分为口头练习、书面练习、操作练习等多种形式，还可分为课内练习、课外练习。

使用练习法的要求：练习题要有目的性，以理解知识、提升能力、发展素养为基本宗旨，明确目的、掌握原理、应用方法。要严格把关练习题质量，练习题与相关知识的吻合度、练习题的难度梯度、练习题的形式、练习题的数量等是练习题质量的基本体现。多种评价形式相互补充，练习时注意培养学生自我检查、自我分析、自我更正的能力；练习结束后，教师要进行分析、总结，及时发现并解决问题。

(2) 实验—探究法

实验—探究法是指学生在教师指导下，对某一化学问题通过实验探索，获取知识、发展能力的一种教学方法。

使用实验—探究法的要求：实验—探究前，指导学生做好实验方案设计，教师要调动学生的自主能力，使其进行文献检索、分析、归纳，提出实验方案，在符合实验设计基本原则的情况下确定最佳实验方案。实验—探究时，指导学生认识实验仪器、药品，规范实验操作，观察实验现象，记录、整理、分析、处理实验数据，得出实验结论。实验—探究后，指导学生进行交流、讨论。

(3) 指导阅读法

指导阅读法是指为达成某一教学目标，引导学生通过阅读有关化学的文字性材料，获取知识、提升能力、发展素养的教学方法。

阅读法包括预习阅读、课堂阅读、复习阅读、拓展阅读等。阅读法的核心宗旨是培养学生的自学能力。通过阅读使学生仔细分析、反复思考、画出重点、深化理解、拓宽视野的能力。

五、化学教学过程

(一) 化学教学过程概述

教学过程是由教师、学生、教学媒体（教学内容、教学手段、教学方法）等要素构成的系统结构。从认识论角度看，教学过程是学生在教师指导下认识客观世界的一种社会实践活动。从发展视角看，教学过程是教师通过知识传授、技能提升、素养发展来培养学生能力、个性化品质的过程。从活动视角看，教学过程是教师的教和学生的学相结合的双边活动过程。综上，化学教学过程是教师依据化学教学目的、化学学习任务、学生身心发展特点等有计划地引导学生掌握化学知识、认识客观世界、促进学生身心发展的过程。

（二）化学教学过程的基本环节

化学教学过程基本环节指按时间发展顺序，将化学教学过程分为化学教学设计、化学课堂教学、作业布置与反馈、课外活动、教学评价等基本环节。

1. 化学教学设计

教学设计分为课程教学设计、学段（学期、学年）教学设计、单元教学设计、课时教学设计四个层面。课程教学设计是对课程整体教学进度进行的总体规划，主要依据是化学课程总体教学任务，学校教学安排，中考、高考时间安排等。学段（学期、学年）教学设计是对课程阶段性教学进度进行的阶段性规划，主要依据是阶段性教学任务，学校阶段性时间安排等。单元教学设计主要依据课程教学设计和学段教学设计规划，以单元教学内容、教学时数为基础针对教学目标、教学策略、教学方法等进行局部规划、设计。课时教学设计主要依据单元教学设计规划，以课时教学内容为基础，针对教学目标、教学策略、教学方法等进行的设计。

（1）化学教学设计准备

本书所讲的教学设计主要指单元教学设计和课时教学设计。教学设计准备是进行教学设计的基础和前提。化学教学设计准备主要是为化学教学设计所进行的主观因素、客观因素分析。单元教学设计和课时教学设计主要准备工作包括选定教学内容分析、课程标准解读、教材分析、学情分析。

教学内容分析主要解决“教什么”。教学内容是化学教学的主要载体，通过化学学科理解明确化学知识所反映的化学学科思想，承载的学科功能。课程标准解读、教材分析、学情分析主要解决“基于什么教”“教到什么程度”。课程标准中对教学内容的要求、学业要求，教材对所教内容的前后关联等，学生的心理特征、已有知识、学习障碍等，对这些内容进行综合分析后共同确定学生发展未知，决定“基于什么教”“教到什么程度”。

（2）化学教学设计

化学教学设计是化学教学实施的构思、谋划和预设，是为课堂教学实施做的前期准备工作，终极目标是基于教学内容落实化学课程基本理念、促进学生发展。①

---

①　姜显光，刘东方．学科素养导向化学教学设计模式研究：基于《普通高中化学课程标准（2017 年版）》教学与评价案例［J］．化学教学，2022（08）：36－41.

化学教学设计要在前期准备的基础上，从宏观、中观、微观三个层面落实教学理念、组织教学内容、选择教学策略和方法、设计教学过程和教学评价等。

2. 化学课堂教学

化学课堂教学是整个教学工作的中心，是教师教的活动和学生学的活动的直接体现形式。高质量化学课堂教学的基本要求是目标明确、内容准确、结构合理、方法适当、节奏适度。

按课堂教学时间顺序，化学课堂教学分为课的开始、课的中心、课的结尾三部分；按课的类型，化学课堂教学分为新授课、习题课、复习课。

3. 作业布置与反馈

作业是化学课堂教学的延续，是化学教学活动的重要组成部分。学生做适量的作业，有助于增进理解、强化所学内容，培养学生养成独立思考、克服困难等品质。

化学课外作业主要有阅读、复习、实验、书面作业等形式。作业要反映教学重点，题目难度适中、具有启发性和典型性，题量适当。

教师通过批改作业，了解学生对知识的理解和掌握情况，改进教学方法；并将作业批改结果及时反馈给学生，让学生认识到自身的不足，明确今后努力的方向。

4. 课外活动

课外活动是化学课堂教学的重要补充。通过课外活动可以拓宽学生视野、激发兴趣，促进课堂教学，提高化学教学质量，培养学生的科学态度与社会责任。课外活动要与课堂教学内容密切相关，具有启发性、创造性、应用性，密切联系实际，激发学生的参与热情和积极性。化学课外活动包括课外阅读、化学专题报告、化学课外实验、化学竞赛、化学墙报、化学展览会和校外参观活动等形式。

5. 化学教学评价

化学教学评价包括对教师教的评价和对学生学的评价。教的评价是指对化学教学效果、质量、水平进行科学、客观的价值判断。学的评价是指对学生的学习效果进行诊断、发展性评价。从上述概念可以看出，两个评价有如下差异：一是评价主体不同，教的评价主体是学生、学校、同事或上级主管部门，也可以是教师自己的反思；学的评价主体是教师。二是评价客体不同，教的评价客体是教师的课堂表现及其所呈现的课堂教学；学的评价客体是学生的课堂表现及作业、考试等。

评价的功能价值是了解教与学的实际情况，为今后教和学的改进提供证据，为人才选拔提供依据，刺激和促进学生学习化学的积极性。

化学教学评价主要有口头形式、书面形式、实验形式、课外活动形式等。诊断性、发展性、形成性、终结性等评价形式是新课程改革背景下倡导的主要形式。

第三节　化学学习内容的教学功能及教学策略①

化学学习内容包括化学实验探究知识、物质性质知识、物质结构知识、反应原理知识、化学与社会知识等。

一、化学实验探究知识的教学功能与教学策略

（一）化学实验探究知识的教学功能

1. 义务教育阶段“科学探究与化学实验”主题的教学功能定位

重视“科学探究与化学实验”学习主题的重要地位。科学探究是获取科学知识，认识和解释科学现象，创新科学应用，改造客观世界的重要途径。科学探究是化学学科的重要研究方法，而化学实验是科学探究的主要形式。通过化学实验开展科学探究活动。

增强“化学科学本质”大概念的统摄作用。“化学科学本质”大概念包含了化学的学科特征、学科事业、与社会的关系、科学态度和精神等一系列对学科基本问题的认识。它对化学研究者进行科学探究、开展化学科研工作具有深刻指导价值。

突出主题内容的教育功能。首先，促进学生科学探究与实践素养的发展。认识科学探究的内容和过程，参与化学课程的实验探究活动、化学学科和跨学

---

① 本节内容节选自《普通高中化学课程标准（2017 年版 2020 年修订）》《义务教育化学课程标准（2022 年版）》《普通高中化学课程标准（2017 年版）解读》《义务教育化学课程标准（2022 年版）解读》。

科实践活动，发展良好的科学探究能力、自主学习能力和问题解决能力，展现深刻的思维品格。其次，为培养学生化学观念和科学思维素养提供必要的方法和能力基础。学生在解决化学问题的过程中，通过科学探究与化学实验，不仅发展对科学方法的认识、物质和化学变化的基本观念，也培养基于化学视角的问题解决能力、质疑与批判能力、创新意识。最后，体现了培养学生科学态度与责任素养的教育功能。学生在化学课程的实验探究活动、化学学科和跨学科实践活动中，发展正面的化学学习兴趣、化学价值观、科学态度与精神，以及安全意识与环保习惯等。

2. 高中阶段“化学科学与实验探究”主题的教学功能定位

建立科学探究大概念。学生应建立科学探究大概念，包括以下三方面核心认识：认识到科学探究是进行科学解释与发现、应用与创造的科学实践活动；了解科学探究过程包括提出问题和假设、设计方案、实施实验、获取证据、分析解释和建构模型、形成结论及交流评价等核心要素；理解从问题和假设出发确定研究目的、依据研究目的设计方案、基于证据进行分析和推理等对于科学探究的重要性。

明确化学实验探究能力培养的内涵。化学实验探究能力培养的内涵包括基本认识、基本技能、基本经验。基本认识要求引导学生认识化学实验是研究和学习物质及其变化的基本方法，是科学探究的一种重要途径。基本技能要求学生初步学会物质检验、分离、提纯、溶液配制等化学实验基础知识和基本技能。基本经验要求学生学习研究物质性质，探究反应规律，进行物质分离、检验和制备等不同类型化学实验及探究活动的核心思路与基本方法，体会实验条件控制对完成科学实验及探究活动的作用。

培养科学态度、创新精神、安全意识。培养学生化学实验探究活动的好奇心和兴趣，养成注重实证、严谨求实的科学态度；增强合作探究意识，形成独立思考、敢于质疑和勇于创新的精神。引导学生树立安全意识和环保意识，形成良好的实验工作习惯。

（二）化学实验探究知识的教学策略

1. 义务教育阶段“科学探究与化学实验”主题的教学策略建议

结合生产生活、社会发展、科技进步等方面的典型案例，引导学生认识科学在创造新物质、应对人类面临的重大挑战中的作用，彰显我国化学实验在其中做出的创新贡献和展现的科学精神。

选择有意义的探究问题。引导学生经历真实的探究过程，注重运用现代化技术手段，加强探究活动中的科学思维，基于科学探究与实践活动建构化学观念，增进对化学科学及科学探究本质的理解，发展科学探究能力和创新意识。

积极创造条件，开足、开好必做实验和跨学科实践活动。倡导“做中学”“用中学”“创中学”，充分发挥必做实验和跨学科实践活动的教学功能和育人价值。在完成必做实验的基础上，努力创造条件，为学生提供更多的动手实验机会。

2. 高中阶段“化学科学与实验探究”主题的教学策略建议

整体规划实验及探究教学，发挥典型实验探究活动的作用。引导学生理解实验探究活动原型的本质、原理，并基于实验活动原型进行概括，提炼不同类型实验探究活动的思路与方法，帮助学生形成迁移应用能力。

选取真实的、有意义的、引发学生兴趣的探究问题。问题是探究活动的起点和归宿。问题的设置要让学生感受到探究活动的价值，化学知识的价值，激发学生的探究欲望，引发学生思考。

改变在实验中注重动手但缺少思考的现状，强调高阶思维过程。在实验教学过程中，鼓励学生发现问题、提出问题，并通过对实验现象和结果的比较、分析、概括、解释、预测等高阶思维过程，培养学生的发散思维、批判思维、创新思维。

二、物质性质知识的教学功能和教学策略

（一）物质性质知识的教学功能

物质是化学学科的主要研究对象，化学物质包括无机物和有机物两大类。“性质反映结构、性质决定应用”是重要的化学学科观念，可见物质性质是化学学科的基本认识领域之一，且具有核心位置。

1. 义务教育阶段“物质的性质与应用”主题的素养功能定位

培育重要的化学观念。通过本主题的学习，可建立物质性质与应用的关系，形成合理利用物质的意识；发展从元素视角初步分析和解决实际问题的能力；形成物质性质决定物质用途的观念，促进物质观等化学观念的形成。物质观的内涵：物质由元素组成，物质具有多样性，物质可分为不同类别，物质性

质决定其用途等。

发展科学思维。物质性质以具体的元素化合物为主要对象，需要建立科学的认识方式，形成科学认识角度、思路及推理判据等。从对物质的存在、组成、变化、用途的认识，形成认识物质性质的化学视角；通过对具体物质性质的认识，形成从个别到一般的概括思维；通过对物质共性与差异性的比较、分析，预测物质性质，从而形成物质性质的思路与方法，以及归纳概括、分析综合、证据推理等科学思维。

发展科学探究与实践素养。对元素化合物知识的认识多通过化学实验及社会实践等形式获得。通过实验探究及对日常生活和社会现象开展社会实践活动，提升分析和解释与化学有关的现象和事实，解决真实的、综合性问题的能力。

培育科学态度与责任。对物质性质与应用关系的认识，可以帮助学生认识化学与生活、生产、社会、科学、技术之间的关系，体会科学利用物质的性质对提高人们的生活质量具有重要意义。通过认识酸、碱及化肥等化学品的保存、选择和使用与物质性质的关系，形成安全及合理使用化学品的意识；通过认识空气、水、金属矿物等自然资源的重要作用和合理开发利用，形成保护和节约资源的可持续发展意识与社会责任。

2. 在高中阶段，无机化合物、有机化合物的素养功能定位

(1)“常见无机物及其应用”主题的素养功能定位（必修学段）

元素化合物知识的认识功能。一是作为认识对象，促进学生迁移应用所学的概念原理知识；二是作为感性认识素材，帮助学生建立和发展概念理论；三是作为认识结果，成为知识结构的一部分，为后续的认识活动提供参考和依据。Na、Fe、Cl、N、S 等五个元素承载了上述三种认识功能；Al、Si 等两个元素承载了前两种认识功能；Cu 只承载认识素材功能。

核心观念统领，聚焦学科大概念。元素化合物知识的主题大概念是基于价类二维的元素观。元素观的内涵：认识元素可以组成不同种类的物质，根据物质的组成和性质可以对物质进行分类；认识同类物质具有相似的性质，一定条件下各类物质可以相互转化；认识元素在物质中可以具有不同价态，可通过氧化还原反应实现含有不同价态同种元素的物质的相互转化。

注重与 STSE 知识融合，培育科学态度与社会责任。钠和铁元素及其化合

物与生产和生活的关系，氮、氯、硫等非金属元素与自然和环境的关系，不少社会性科学议题也与这些元素化合物的性质和应用密切相关。

(2)“简单有机化合物及其应用”主题的教学功能定位（必修学段）

初步建立有机化学认识框架。能找到或识别有机化合物中的官能团，基于官能团和碳骨架建立认识有机化合物的视角和框架。

认识有机化合物分子结构。基于典型有机物形成有机化合物结构基本认识：碳四价原则，多种成键类型，成键原子可以是碳原子间、碳氢原子间、碳与杂原子间，碳骨架可以是链状也可以是环状，分子有立体结构。

培育结构决定性质、性质决定应用的化学核心观念。结合典型化合物认识官能团与性质、反应类型的关系，知道有机化合物在一定条件下可以相互转化；了解有机化合物在生产和生活领域的重要应用。

(3)“有机化学基础”模块的教学功能定位（选择性必修学段）

有机化学基础包括有机化合物的组成和结构、烃及其衍生物的性质与应用、生物大分子及合成高分子等三个内容主题。

核心观念统领，解决核心问题。通过系统掌握简单有机化合物的基本性质及各类基本有机反应的规律，一方面体会“结构决定性质、性质反映结构”的化学核心观念；另一方面把握解决有机化学核心问题（有机物结构测定、有机物性质推测、有机合成等）的主要方法和思路，最终建立起有机化学的认识框架。

基于化学学科的特点，体现内容的时代性。充分反映化学学科时代特征的主要表现：第一，突出有机化学在物质合成方面的重要性，体现通过化学反应创造物质的学科特质；第二，突出有机化学对认识生命现象的支撑作用，加强与生命现象相关的化学知识，如官能团视角增加胺、酰胺等，物质视角增加脱氧核糖核酸、核糖核酸等；第三，突出新型仪器技术对有机化学研究的重要价值，融合跨学科知识，有利于拓宽学生视野，发展综合解决问题的能力。

（二）物质性质知识的教学策略

1. 义务教育阶段“物质的性质与应用”主题的教学策略建议

充分利用直观手段，形成“物质多样性”的核心观念。直观手段主要包括实物、图片、模型等。联系生活中常见的具体物质，引导学生感受物质多样性；结合元素、原子、分子等核心概念，引导学生进行比较、分类、概括、归纳，建立物质分类意识，逐步形成基于物质类别研究物质及其变化的视角，同时，将元素观、分类观、转化观等学科观念与多样的化学物质有机融合在一起。

通过典型实例，形成“性质决定用途”的核心观念。在人类改造自然的过程中，化学物质为满足人类日益增长的需要方面做出了重要贡献。通过丰富、鲜活的物质应用实例，引导学生基于物质性质分析、解释物质用途。如钨丝为什么能做灯丝，碳酸氢钠在食品加工中的作用，水垢的清洗等。促使学生运用知识解决实际问题，同时加深对物质性质的理解。

充分发挥必做实验的功能，提炼研究思路。实验是人类认识物质、应用物质、推动化学科学发展的重要方式。在化学教学中有演示实验、探究实验、学生必做实验等形式。其中义务教育学段的必做实验包括：粗盐中难溶性杂质的去除；氧气的实验室制取与性质；二氧化碳的实验室制取与性质；金属的物理性质与化学性质；常见酸、碱的化学性质；一定浓度质量分数的氯化钠溶液的配制。必做实验涵盖了本主题的重要物质：氧气、二氧化碳、金属、酸、碱、盐；涵盖了实验基本操作：除杂，气体制取及性质验证，金属、酸、碱的性质验证，溶液配制。在必做实验中，学生可以将动手实践和动脑思考相结合，经历实验过程，熟悉基本操作，掌握基本方法，提炼一般思路。

创设真实情境，提升问题解决能力。通过创设真实情境，步骤学习任务，提升学生解决实际问题的能力是化学教学的重要目标。实际生产、生活中遇到的问题不是单一的化学问题，往往是多学科融合的问题，如环境问题、航空航天领域的材料问题、新型能源问题。培养真实问题解决能力，引导学生开展跨学科实践活动、项目式学习等，培养查阅文献、分析问题、解决问题的能力，最终实现情境转化—实践探索—评价解释—应用创新的基本思路。

2. 高中阶段物质性质知识教学策略建议

(1)“常见无机物及其应用”主题的教学策略（必修学段）

发挥核心概念对元素化合物现象的指导作用。在元素化合物教学中，应发挥物质分类、离子反应、氧化还原反应等核心概念的指导作用，形成研究物质性质的思路和方法，发展学生“宏观辨识与微观探析”“变化观念与平衡思想”“证据推理与模型认知”素养。

重视开展高水平的实验探究活动。开展高水平实验探究活动，充分发挥其培养实验观察和启迪思维的功能，引导学生进行性质预测、方案设计、归纳概括、解释说明等。

紧密联系生产和生活实际，创设丰富多样的真实问题情境。创设真实的问题情境，联系社会生产、生活实际，帮助学生体会物质性质在促进社会发展、维持社会可持续发展中的重要作用，发展学生辩证思维，培养“科学态度与社会责任”素养。

鼓励使用多样化的教学方式和学习途径。使用多样化的教学方式，如基于解决综合问题的主题式教学、开放实验室、翻转课堂、线上线下混合式教学等，促进学习方式转变，引导学生进行建构学习、探究学习和问题解决学习。

(2)“简单有机化合物及其应用”主题的教学策略（必修学段）

以典型简单有机化合物为例，引导学生建立官能团与有机化合物分类的初步认识。

通过模型拼插等活动引导学生认识有机化合物中碳原子的成键特点、价键类型及简单分子的空间结构。

采用观察实验现象、联系生产生活实际、归纳总结等策略对典型有机化合物的结构、性质及应用进行教学。

(3)“有机化学基础”模块的教学策略（选择性必修学段）

①“有机化合物的组成与结构”主题的教学策略

直观认识有机物结构特征。通过模型拼插或动画模拟建立对有机化合物分子结构的直观认识，利用物质结构的有关理论帮助学生理解有机化合物分子结构的特点，体会碳原子结构特征对其成键特征和分子空间结构的决定作用。

通过分析解释有机化合物性质，形成“结构决定性质、性质反映结构”的核心观念。将性质作为有机化合物结构教学的切入点和落脚点，关注结构与性质的关联。通过对有机化合物化学性质的分析解释活动，引导学生体会官能团、碳原子的饱和性和化学键的极性对有机化合物性质的决定作用；结合典型实例认识有机化合物分子中基团间存在相互影响，并适当开展基于结构分析、预测性质和反应的学习活动。

通过实验测定有机化合物结构，形成证据意识。关注结构测定的方法和证据的获取，选择典型有机化合物的图谱信息帮助学生了解现代分析方法在确定有机化合物分子结构中的作用。

②“烃及其衍生物的性质与应用”主题的教学策略

通过多种学习方式学习有机化合物性质。以典型代表物的具体反应为载体，通过类比迁移学习一类有机化合物性质；先分析有机化合物分子中的官能团和化学键、预测可能的断键部位与相应的反应，然后提供反应事实，引导学生通过探究学习一类有机化合物的性质。

归纳、概括有机反应规律，并预测有机化合物性质。引导学生从反应物和生成物的官能团转化与断键、成键的角度概括反应特征与规律，同时引导学生利用反应类型的规律判断、说明和预测有机化合物的性质。

多视角开展有机合成教学。素材选取要兼顾目标物的应用价值和对学生思维的挑战性；活动类型要兼顾正向合成和逆向合成任务，引导学生关注结构对比、官能团转化和碳骨架构建；评价活动使学生体会官能团保护、绿色设计等思想。

③“生物大分子及合成高分子”主题的教学策略

注重联系生活、生产实际。从实际情境中引入生物大分子和合成高分子，并提出与真实情境相关的问题，使学生通过自然现象、生活生产事实等解释或解决实际问题，认识生物大分子和合成高分子的结构、性质和应用。

突出结构特征分析。对生物大分子和合成高分子进行结构分析，引导学生通过结构预测性质或分析解释化学性质，从结构特征认识性质，进一步体会有机化合物结构与性质的关系。

体现与生命科学、材料科学的关系。以生命科学、材料科学的学科发展过程和其中的重大事件，作为教学的情境线索或活动素材，使学生在学习过程中，感受有机化学作为基础学科对相关学科发展的重要价值。

三、物质结构知识的教学功能和教学策略

（一）物质结构知识的教学功能

1. 义务教育阶段“物质的组成与结构”教学功能定位

培养元素观和微粒观，发挥化学观念的指导作用。世界是物质的，物质是可分的。该主题内容旨在发挥对元素、原子、分子等核心概念的认识功能，让学生形成“物质是由元素组成的，具有多样性，可以分为不同的类别；物质是由分子和原子构成的，其结构决定性质”等化学观念，指导学生使其能够从元素和分子角度初步分析和解释一些与物质及其变化有关的实际问题，初步探索物质的组成、结构与性质之间的联系。

发展认识物质的组成与结构的科学思维。元素、分子、原子作为核心知识，承载着从宏观视角认识物质的组成，从微观视角认识物质的构成，从符号视角认识物质组成的表征的认识功能，发展学生宏、微、符三重表征能力。该主题内容较抽象，引导学生通过实验、想象、推理、假说、模型等方法探索物质结构，培养学生基于事实与逻辑进行独立思考和判断，养成严谨的证据推理及批判质疑的能力。

提高学生科学探究与实践能力。学生可在探究水的组成及变化的过程中提出问题、做出假设、实施方案，根据证据进行推理得出结论，并就实验探究过程和结果与同学进行交流。此外，探讨跨学科议题、进行跨学科实践活动，帮助学生进一步提高科学探究与实践能力。

激发学习兴趣，养成严谨求实的科学态度。让学生进入微观世界认识物质，从元素和分子的视角简单分析物质及其变化，进而培养学生对物质世界的好奇心、想象力和探究欲，激发学生对化学学习和科学探究的浓厚兴趣。同时，了解人类对物质组成的探索以及科学家对分子、原子认识的探索历程，有助于帮助培养学生大胆质疑问题，勇于提出、修正自己的见解或放弃错误的观点，培养学生的批判与创新精神，养成严谨求实的科学态度。

2. 高中阶段“物质结构基础”模块的教学功能定位

(1)“物质结构基础”主题的教学功能定位（必修学段）

元素周期律（表）发展学生的证据推理与模型认知。元素周期律（表）的认识发展功能在于揭示不同元素间的联系，帮助学生形成认识元素和物质性质的新视角和系统思维框架。学生能比较、解释和论证不同元素性质的差异；由已知元素和物质推知、研究未知元素和物质。元素周期律（表）的本质在于科学家们建立了基于元素原子结构—周期表位置—元素性质之间关系的系统模型，反映不同元素之间的内在联系。所以，无论是从认识发展的角度还是从素养发展的角度看，元素周期律（表）知识的教学，核心在于引导学生建构“位—构—性”的系统认识模型，并学习基于此模型分析和解决有关无机物的问题。

基于化学键概念发展学生的宏观辨识与微观探析能力。化学键概念的发展价值在于将学生的宏观辨识与微观探析素养从基于分子、原子和离子的孤立微粒观进阶到基于微粒及其微粒间相互作用的水平层次。化学键这个概念之所以是核心概念，关键在于提供了一个能将微粒与能量相结合的重要认识视角——

微粒之间存在着相互作用，而且是很强的相互作用，不同的微粒之间存在不同的强相互作用。因为有了微粒间相互作用这个认识视角，以及新物质生成的本质是旧键断裂、新键生成，化学键断裂需要吸收能量，形成化学键可以释放能量等基于化学键的核心认识思路，学生才能加深对物质构成的认识，进而深入认识化学反应的物质变化本质和能量转化本质。

(2)“物质结构与性质”模块的教学功能定位（选择性必修学段）

整合内容主题，注重形成统摄性认识。随着化学科学的发展，作为化学研究对象的“物质构成的微粒”的内涵越来越丰富，形式越来越多样。原子结构理论的建立为研究分子结构、认识化学键的本质、掌握物质化学变化规律提供了重要的理论证据。微粒间的作用包括化学键和分子间作用力。化学键的性质突出反映了物质结构对物质性质的决定作用，分子间作用力对物质结构及其性质的影响随着化学科学的发展日益引起化学家的重视。“微粒间的相互作用与物质的性质”以微粒间的作用为线索，串联分子、晶体以及其他聚焦状态等不同类型的物质的微观结构，将微粒间的相互作用和空间排布两个视角融合在同一主题中呈现。“研究物质结构的方法与价值”是一个跨领域主题，帮助学生认识到物质结构的研究是从微观结构探查物质性质的宏观表现，实现微观与宏观的统一，体会化学这门自然科学完美地将微观世界与宏观视角联系起来的独特魅力。

发展学生对研究物质的不同尺度的认识。“人类认识物质的不同尺度”对于物质结构学习是一个观念性认识，可以帮助学生体会人类物质结构研究的层次和面貌，丰富看待物质及其性质的视角和思路。化学是研究从原子、分子片、分子、超分子、生物大分子到分子的各种不同尺度和不同复杂程度的聚集态的合成和反应，分离和分析，结构和形态，物理性能和生物活性及其规律和应用的科学。

注重结构模型的发展过程和研究方法。学生不但要掌握关于物质结构的具体认识（如构成物质的微粒、微粒间的相互作用、微粒间的空间排布特点等），还要认识到这些具体知识是怎么来的，基于哪些证据，经过怎样的推理过程，如何建立结构模型，形成对物质结构及其性质的理论解释等。同时强调把研究过程、思路和方法外显，尤其是现代化学基于仪器、技术手段，对物质结构研究所做的重要推动。

（二）物质结构知识的教学策略

1. 义务教育阶段“物质的组成与结构”主题的教学策略

结合学生熟悉的现象和已有的经验，通过实验探究、模型拼插等活动或动画模拟等可视化手段，充分发挥学生的想象力，引导学生从分子、原子等微观视角认识物质及其变化，帮助学生建立宏观与微观间的联系。

利用科学家探索原子结构的科学史实，启发学生根据实验现象，学习运用类比、推理、模型等思维方法认识原子结构，了解科学家严谨求实的科学态度，增进对科学本质的理解。

基于“宏观—微观—符号”多重表征设计学习活动，促进学生形成化学思维方式，引导学生认识物质的组成、结构和性质之间的关系。

2. 高中阶段物质结构知识的教学策略

（1）“物质结构基础”主题的教学策略（必修学段）

教学中注重运用实验事实、数据等证据素材，帮助学生转变偏差认识。迷思概念在学生学习过程中普遍存在，且对学生的学习进程产生了极大影响。在此部分内容教学中，教师要帮助学生建立对物质结构及其与性质相关的正确认识。

注重组织学生开展概括关联、比较说明、推论预测、设计论证等活动。引导学生建立原子结构、元素在周期表中的位置、元素性质及物质性质相互关联的认识模型，培养学生形成“原子结构决定元素性质，元素性质影响物质性质”的基本观念，用原子结构解释元素性质、用物质性质验证元素性质的能力。发展学生用元素周期律（表）模型比较元素及其化合物性质、预测未知元素及其化合物性质的能力，发展学生证据推理与模型认知的素养。

（2）“物质结构与性质”模块的教学策略（选择性必修学段）

①“原子结构与元素的性质”主题的教学策略

关注学生在必修学段对原子结构、元素性质和元素周期律（表）的已有认识，利用氢原子和多电子原子光谱所产生的复杂现象，引导学生反思已有理论模型的局限，建立新的原子结构模型。借助科学史的故事和素材多角度展示人类对微观结构的认识过程，加深学生对科学本质的理解。

向学生提供原子半径、第一电离能、电负性等数据，引导学生讨论原子序数及核外电子排布的关系，让学生自主发现变化规律，建构元素周期律（表）

模型，并利用模型分析和解释一些常见元素的性质。

注重帮助学生建立基于“位—构—性”关系的系统思维框架，提高学生分析和解决问题的能力。

②“微粒间的相互作用与物质的性质”主题的教学策略

关注不同类型微粒间相互作用概念的形成和发展思路，充分利用建立这些概念所使用的关键证据，通过实验事实和数据对比，引发学生的认知冲突，引导学生进行解释，促使学生反思原有概念模型的局限性，深化对微粒间相互作用模型的认识，发展学生的证据推理与模型认知素养。

借助实物模型、计算机软件模型、视频等直观手段，充分发挥学生搭建分子结构、晶体结构模型等活动的作用，降低教学内容的抽象性，促进学生对相关内容的理解和认识。

选用学生熟悉的生活现象、实验事实，以及科学研究和工业生产中的相关案例作为素材，激发学生的学习兴趣，帮助学生建立结构与性质的联系，发展宏观辨识与微观探析、证据推理与模型认知素养。

③“研究物质结构的方法与价值”主题的教学策略

有效利用化学史素材，帮助学生认识科学理论会随着技术手段的进步和实验证据的丰富而发展，通过设计角色扮演等活动引导学生理解科学理论发展过程中的争论，从而增进对科学本质的理解。

选取与现实生活和科学前沿密切相关的案例，促使学生认识研究物质结构的价值。通过查阅文献、听专家讲座、观看化学影视资料等多种途径开展教学，开阔学生的视野，激发学生探索物质结构奥秘的热情。

四、反应原理知识的教学功能和教学策略

（一）反应原理知识的教学功能

1. 义务教育阶段“物质的化学变化”主题的教学功能定位

重点突出变化观念的发展。“物质的化学变化”主题与“物质的性质与应用”“物质的组成与结构”主题一起，共同发挥着引导学生形成和发展化学观念的功能。学生通过学习化学变化，发展变化观念，从化学视角认识物质变化；通过学习有关化学反应的核心概念、原理和规律，形成“化学变化有新物质生成，伴随能量变化，并遵守质量守恒定律”，“化学变化的本质是原子的重

新组合”，“在一定条件下通过化学反应实现物质转化”等基本观念，进而转化为解释物质及其变化的现象和解决实际问题的核心素养。

基于变化观念促进核心素养的全面发展。首先，促进学生对物质组成及物质性质的基本认识以及核心观念的形成。例如，在学习化学变化和化学反应相关知识之前，学生的物质观、元素观、微粒观是静态的、孤立的，对物质的组成与结构的认识方式是被动的，方法是单一的、直接的。通过学习本主题，可以促使学生将物质的组成与结构跟物质的化学变化建立联系，学会从变化与转化的视角探究物质的组成，也能够从元素、原子、分子的视角理解物质的变化，认识科学家利用和设计化学反应实现物质转化、创造新物质的本质。其次，可以促进学生深入认识物质变化与化学反应跟物质的性质与应用之间的实质性联系，形成基于物质变化和化学反应研究物质性质，以及通过科学调控化学反应，合理应用物质性质的意识和能力。最后，对发展学生的综合、辩证、系统性思维，控制变量的实验探究能力，从实验室到实际生产生活的真实问题解决能力等，以及引导学生认识化学科学对人类文明进步、社会可持续发展的创造性贡献和不可替代的地位，体会化学家的创新精神和社会责任等都具有独特的教育功能价值。

2. 高中阶段“化学反应原理”模块的教学功能定位

(1)“化学反应规律”主题的教学功能定位（必修学段）

基于化学反应规律发展变化观念与平衡思想。化学变化和反应既是化学科学的研究对象，也是探究物质性质和实现物质转化的研究方法。必修学段发展重点在于基于离子反应概念促进学生对酸、碱、盐之间的复分解反应的认识深入到微观本质，基于氧化还原反应概念引导学生建立新的化学反应认识角度和思路。

在化学反应规律部分，通过学习化学键、原电池、可逆反应、化学反应速率等概念，增进对化学反应与能量转化本质的认识，体会到化学反应是有限度和快慢的，丰富化学反应的认识视角——能量、快慢、限度，从而发展变化观念与平衡思想。

(2)“化学反应原理”模块的教学功能定位（选择性必修学段）

基于核心知识，形成认识化学反应的基本视角。“化学反应原理”模块包括的核心知识点为物质变化，能量变化，化学反应的方向、限度和速率，这也是认识化学反应的基本视角。关于能量变化，必修模块只定性讨论化学能与热能的转化，而选择性必修模块则要求定量表示、计算化学反应中的定量变化；必修模块只基于实验事实讨论化学能向电能的转化，选择性必修模块不但讨论了化学能与电能的双向转化，而且深入讨论了能量转化的本质、途径等。关于化学反应的方向、限度和速率，必修模块仅定性讨论化学反应速率及其影响因素、定性讨论化学反应限度，选择性必修模块定量讨论了化学反应速率、限度及其影响因素，还引入化学反应方向作为新的认识视角。关于物质在水溶液中的行为，必修模块仅讨论强电解质溶液间的离子反应，选择性必修模块还基于弱电解质的电离平衡、盐类的水解平衡和沉淀溶解平衡，讨论了更为复杂的离子反应。

强调观念性认识和体验性知识。化学教学内容结构化应有利于促进学生从化学学科知识向化学学科核心素养的转化，内容结构化主要有基于知识关联结构化、基于认识思路结构化、基于核心观念结构化等性质，其中认识思路和核心观念结构化对提升学生化学知识结构化水平尤为重要。本模块强调学生要能够在物质变化，能量变化，化学反应的方向、限度和速率等一级主题引导下，从实质、表征、实现途径和调控方法等方面认识化学并调控化学反应。

由于要控制学习难度，本模块只要求学生形成体验性认识，加深对化学反应核心原理的理解，不要求达到解决问题的迁移应用水平。

（二）反应原理知识的教学策略

1. 义务教育阶段“物质的化学变化”主题的教学策略

发挥大概念统领的多维课程内容的素养发展价值，引发学生建构对化学变化的结构化认识，形成认识化学反应的思路与方法，体会通过化学反应实现物质转化的意义和价值，发展核心素养。

选取学生身边的物质变化事实和生动直观的实验现象，引导学生进行观察、分类和概括，建立化学反应的相关概念；基于微观视角阐释化学变化及质量守恒定律的本质，进行符号表征，促进学生化学变化观念的形成和发展。

通过宏观、微观、符号等多重表征手段，引导学生多角度理解化学反应，配合联想、游戏等多种策略，突破化学方程式的学习难点。结合生产生活和科学研究中有关物质制备、转化的实际问题，帮助学生认识化学反应计算的比例关系，发展对化学变化的定量认识和推理能力。设计关于化学反应应用的真实情境和任务，促进学生多角度分析和解决问题，逐步发展学生的系统思维，增强学生的跨学科意识，促进其核心素养的融合发展。

2. 高中阶段反应原理知识的教学策略

(1)“化学反应规律”主题的教学策略（必修学段）

发挥重要知识的功能价值，帮助学生拓展认识化学反应的基本角度，形成基本观念。紧密联系生产、生活实际，创设真实的问题情境，注重组织学生开展实验探究、说明论证、分析解释等活动，引导学生学习化学反应速率、化学平衡、化学能、热能、电能等概念原理知识，关注这些概念的功能价值，帮助学生建立“快慢”“限度”“能量转化”等认识化学反应的基本角度，形成调控化学反应、实现能量转化的基本观念，发展变化观念与平衡思想。

(2)“化学反应原理”模块的教学策略（选择性必修学段）

①“化学反应与能量”主题的教学策略

结合具体实例（如氢气与氧气反应生成气态水和液体水所释放的能量不同）激发学生认知冲突，发展学生基于内能及内能的变化认识物质所具有的能量和化学反应中的能量变化的本质，体会引入焓变概念的价值，理解热化学方程式书写规则。

充分利用铜—锌双液原电池、铅蓄电池、氢氧燃料电池、电解熔融氯化钠和电解饱和食盐水等案例素材，组织学生开展分析解释、推论预测、设计评价等学习活动，发展学生对原电池和电解池的工作原理的认识，转变认识偏差，促使学生认识到电极反应、电极材料、离子导体、电子导体是电化学体系的基本要素，建立对电化学过程的系统分析思路，提高学生对电化学本质的认识。

教学中应创设真实情境（如不同应用情境中燃料的选择，化工生产路线的选择等），组织学生开展基于能量利用需求选择反应、设计能量转化路径和装置的活动，形成合理利用化学反应中的能量变化的意识和思路，提升科学探究创新意识、科学态度与社会责任素养。

②“化学反应的方向、限度和速率”主题的教学策略

引导学生经历化学平衡常数模型建构的过程，结合具体实例，促使学生体会化学平衡常数与判断平衡状态、反应方向，分析预测平衡移动方向等方面的功能价值；通过交流讨论活动，帮助学生形成基于浓度商和化学平衡常数的比较分析等温条件下平衡移动问题的基本思路。

结合具体实例，使学生认识到化学反应是有过程的；结合具体数据，使学生认识到活化能对化学反应速率的影响；通过组织学生讨论外部条件影响化学反应速率的原因，引导学生体会理论模型建构的过程。

组织学生开展“化学反应速率测定”“外界条件对化学反应速率影响”等实验活动，形成并发展变量控制的实验思想；在开展“外界条件对化学平衡影响”的实验探究活动中，发展学生演绎推理、系统假设等思维能力。

结合生产实例，组织学生开展反应条件的选择与优化的讨论，促使学生形成从限度、速率、能耗等多角度综合调控化学反应的基本思路，发展学生“绿色化学”观念和辩证思维能力。

③“水溶液中的离子反应与平衡”主题的教学策略

通过对电离平衡、水解平衡、沉淀溶解平衡等存在的证明及平衡移动的分析，促使学生形成并发展微粒观、平衡观和守恒观；关注水溶液体系的特点，结合实验现象、数据等证据素材，引导学生形成认识水溶液中离子反应与平衡的基本思路。

通过让学生画微观图示、解释宏观现象等具体任务探查学生认识水溶液体系的障碍点，以进一步明确学习重点和难点。在组织学生开展实验探究活动时，注意实验前的分析预测和对实验现象的分析解释，对假设预测、实验方案、实验结论进行完整论证，发展学生宏观辨识与微观探析、变化观念与平衡思想和证据推理与模型认知素养，培养系统思维能力。

结合自然现象（如海水的酸碱性及其变化）、生活问题的解决（如明矾净水）、生产实际（如矿石中有效成分的提取），组织学生开展分析解释、方案设计等活动，促进学生认识水溶液中的离子反应与平衡对生产、生活和社会发展的作用。

五、化学与社会知识的教学功能和教学策略

（一）化学与社会知识的教学功能

1. 义务教育阶段“化学与社会·跨学科实践”主题的教学功能

侧重落实“科学态度与责任”素养的发展。促进学生理解科学、技术、社会、环境之间的关系，构建化学与可持续发展大概念。学生在解决与化学密切相关的实际问题的过程中，知道科学和技术有助于解决社会问题，使用科学和

技术时要考虑其对社会和环境的影响，认识化学在解决与能源、资源、材料、环境、人类健康等相关问题中的作用，体会化学是推动人类社会可持续发展的重要力量，树立建设美丽中国、为全球生态安全做贡献的信念；主动践行节约资源、环境友好的生活方式，树立人与自然和谐共生的科学自然观和绿色发展观。

本主题落实习近平新时代中国特色社会主义思想，特别是习近平总书记关于生态文明建设重要论述。习近平总书记在党的十九大报告中指出："必须树立和践行绿水青山就是金山银山的理念，坚持节约资源和保护环境的基本国策，像对待生命一样对待生态环境，统筹山水林田湖草系统治理，实行最严格的生态环境保护制度，形成绿色发展方式和生活方式，坚定走生产发展、生活富裕、生态良好的文明发展道路，建设美丽中国，为人民创造良好生产生活环境，为全球生态安全作出贡献。"因此，本学习主题通过问题解决和亲身体验等活动，促进学生树立化学与可持续发展理念，实现知、情、意、行的统一。

本学习主题促进学生树立恪守科学伦理和遵守法律法规的意识，培养学生面对陌生的、不确定性的挑战的勇气和理性思维。学生需要知道国家在生态环境保护、化妆品、食品、药品安全等方面颁布的相关法律法规；另外，在应用化学知识解决实际问题的时候，要科学合理地利用物质及其变化，有意识地了解并遵守相关法律法规。例如，废水的排放标准，二氧化硫等物质能否作为食品添加剂等。当今时代，人类面临生态环境、卫生医疗、能源资源等方面的危机与不确定性挑战，需要学生有意识地面对这些不确定性，能够以理性、积极的态度迎接挑战。这正体现了课程标准与时俱进，培养学生未来生活所需要的正确价值观、必备品格和关键能力的特点。

注重培养学生应用化学、技术、工程解决跨学科问题的能力。本学习主题注重综合应用学科知识，引导学生从物质组成、性质及变化的视角分析和解决资源、能源、材料、环境、人类健康等实际问题，培养学生合作、实践、创新的素养。真实问题的解决，不但要调用多学科的知识，还要根据实际需要，通过技术手段获取和加工信息，运用技术与过程方法设计方案、制作模型和作品。例如，设计低碳行动方案，需要应用元素观、变化观等化学观念，应用二氧化碳的性质及转化关系，分析、解释、设计、评价低碳措施，从技术、工程、经济等视角综合探讨我国达到碳中和目标的行动方案。

“可持续发展”是主题大概念。可持续发展的目标是在满足人类需要的同时，强调人类的行为要受到自然界的制约，强调人类代与代之间、人类与其他生物种群之间、不同国家和不同地区之间的公平。可持续发展包含经济可持续发展、社会可持续发展、资源可持续利用、环境可持续发展和全球可持续发展等方面。绿色化学是实现可持续发展的重要措施。绿色化学又称为环境无害化学、环境友好化学，倡导用化学技术和方法减少或停止使用对人类健康、社区安全、生态环境有害的原料、催化剂、溶剂的5R原则，即充分利用反应物中的各个原子，减量使用原料（Reduction）、循环使用（Reuse）、资源回收（Recycling）、变废为宝（Regeneration）、拒用有毒有害品（Rejection）。化学与可持续发展是绿色化学更上位的观念，更具有统摄性。

“化学与社会·跨学科实践”学习主题注重培养学生从物质的组成、性质及变化的视角，分析和讨论资源综合利用、材料选取和使用、生态环境保护等有关问题，在解决这些问题的过程中，统摄性观念就是“化学与可持续发展”。应用化学知识及化学观念解决实际问题时，既要考虑人类和社会发展对物质和能量的需要，实现资源、能源的综合利用，又要坚持人与自然和谐共生，实现社会、资源、环境的可持续发展。

2. 高中阶段“化学与社会发展”主题的教学功能

建立化学与社会发展主题的整体认识框架。该主题应帮助学生从以下五方面获得认知发展：化学科学技术在材料科学、医药健康、食品营养等方面的重要作用；化学在自然资源和能源综合利用方面的重要价值；化学在环境保护中的重要作用；化学促进可持续发展；化学应用的安全与规则意识。这代表化学的社会责任感的三个方面：一是化学科学的价值；二是化学与可持续发展的关系；三是化学应用的规则与意识。

形成化学与社会发展的核心观念。化学与社会发展的核心观念是STSE，包括：结合实例认识材料组成、性能及应用的联系；初步建立依据物质性质分析健康问题的意识；体会社会需求、化学科学技术发展与材料的研发及生产、食品加工、药品合成的关系；以海水、金属矿物、煤炭、石油等的开发利用为例，了解依据物质性质及其变化综合利用资源和能源的方法；认识物质及其变化对环境的影响，依据物质的性质及其变化认识环境污染的成因、主要危害及其防治措施；结合实例认识化学科学技术的合理使用的重要性；认识化学科学技术的不断创新和发展是解决人类社会发展中遇到的问题、实现可持续发展的有效途径。

培养科学思维。培养学生具有科学精神与社会责任素养，能够具备分类、分析、设计、评价、权衡、决策等能力。

（二）化学与社会知识的教学策略

1. 义务教育阶段“化学与社会·跨学科实践”主题的教学策略

明确该学习主题的教学定位，注重综合应用化学知识，引导学生从物质的组成及变化视角分析和解决资源、能源、材料、环境、人类健康等实际问题，认识化学科学的重要价值，培养学生的合作、实践、创新等素养。

设计和开展具有挑战性的实践任务，充分利用社会资源，促进校内外联动。让学生参与调研访谈、创意设计、动手制作、展示表达、方案评价、反思改进等多样化活动，促进学生形成运用多学科知识、技术、工程融合解决问题的系统思维，鼓励学生有意识地使用信息技术解决问题。

设计跨学科实践活动，注重将问题解决线、知识逻辑线、素养发展线紧密结合，拆解复杂任务和设计系列活动，实现问题解决过程与核心知识的获得、能力和素养的发展自然融合；确保重点活动的开放度，让学生经历自主思考，合作探究，深度互动、交流，总结、反思等完整的问题解决过程，实现深度学习，提升解决实际问题的能力，促进学生核心素养的融合发展。综合运用体验和表达、成就与激励、反馈和深化等策略促进学生知、情、意、行的统一，引导学生形成绿色化学与可持续发展观，了解符合科学伦理和法律规定的行为准则，认识这些观念和准则的重要性。跨学科实践活动的开展应与“物质的性质与应用”“物质的组成与结构”“物质的化学变化”等学习主题中的核心知识、学生必做实验的教学紧密结合，充分发挥跨学科实践活动对课程内容和教学实施的整合功能。

2. 高中解读“化学与社会发展”主题的教学策略

精选教学素材和应用案例，促进学生了解化学、体会化学科学对人类文明和社会发展的促进作用。加强物质组成、结构、性质等化学视角与真实情境素材之间的联系，引导学生从化学的视角看待和解决实际问题。通过讨论与化学密切相关的有争议的社会性议题，促进学生辩证地看待问题，培养学生参与社会决策的意识。开展多样化的实践活动，促进学生实现知、情、意、行的统一。

思考题：

1. 化学课堂教学的基本理念是什么？基本原则是什么？

2. 什么是化学教学策略？常用的化学教学方法有哪些？

3. 了解化学实验探究知识、物质性质知识、物质结构知识、反应原理知识、化学与社会知识等化学学习内容的教学功能及其教学策略。

第二章　化学教材分析

化学教材分析是化学教学设计的基础之一。认识教材的功能价值是教材分析的目标，因此需要从宏观、中观、微观三个层面展开分析，体会、感受教材的编写意图。

第一节　化学教材分析概述

化学教材是化学课程重要的物化形态与文本素材，是实现化学课程目标、培育学生核心素养的重要载体，是实施化学教学的主要资源之一[①②]。化学教材分析是化学教学设计中的重要工作之一。化学教材分析是一项复杂的系统性工作，对于了解化学教学目标、教学内容结构及教学功能具有重要意义。

一、化学教材分析的功能[③]

（一）化学教材分析有利于全面落实化学课程目标

新课程理念下的课程目标是全面落实党的教育方针，发挥化学课程的整体育人功能。义务教育阶段、普通高中阶段化学课程育人功能的集中体现分别是核心素养、化学学科核心素养，课程目标是核心素养和化学学科核心素养的具

① 中华人民共和国教育部．义务教育化学课程标准（2022 年版）［S］．北京：北京师范大学出版社，2022：50.

② 中华人民共和国教育部．普通高中化学课程标准（2017 年版 2020 年修订）［S］．北京：人民教育出版社，2018：81.

③ 张卫青，徐宝芳．中学地理教材分析方法研究［J］．内蒙古师范大学学报（教育科学版），2011，24（08）：125－129.

化。为了实现化学课程目标，化学教材既要提供化学学科基础知识、基本技能，又要提供培养学生的基本方法以及促进正确价值观念形成的内容和条件。因此，教师深入、细致地进行化学教材分析是全面落实化学课程目标的重要保障。

（二）化学教材分析有利于教师全面把握化学教材体系结构

基础教育化学教材注重阶段性和连续性。化学教材编写注重整体性，将义务教育阶段与普通高中阶段化学教材进行统筹规划，体现连续性。普通高中阶段分为三个学段，即“必修学段”“选择性必修学段”“选修学段”，与“义务教育学段”一起构成基础教育化学教材整体框架。教师通过分析每个学段主题及其内容，能够更好地从整体上把握化学教材体系结构，把握学习内容的深度变化，更好地理解整体与局部的关系。

（三）化学教材分析有利于教师协调局部教材间的关系

化学教材的整体性体现在各局部（册、章、节）内容按照一定的逻辑顺序和学生心理认知发展顺序组合而成，每一册、章、节又是独立的教材单位。通过化学教材分析，可以弄清楚每一部分在化学教材整体中的地位和作用，以及承载的教学功能，可以更合理地选择、组织教学内容，分配教学时间，以及做好彼此之间的衔接等。

（四）化学教材分析有利于为化学教学设计奠定基础

化学教材是按照化学课程标准和化学学科的科学性、系统性、实用性、教育性以及教学论的要求而编写的教学用书。教师对教材的认识程度直接关系着对教学方法的认识水平，进而影响着教学的质量。通过教材分析，教师可以深入理解教材知识内容的教育功能，为确定教学目标、设置教学任务、界定教学重难点、选择教学策略和方法、设计教学过程提供重要依据。

二、化学教材分析的基本原则

（一）目的性原则

目的性是化学教材分析的出发点和归宿，用于指导、调控、评价整个分析过程。化学教材分析是为了全面贯彻落实党的教育方针，落实立德树人根本任务，在教学过程中科学、合理、适度地发挥化学教材功能，可以更好地落实课程目标，促进学生发展。

（二）系统性原则

用系统科学思想方法去认识、解决问题是现代科学的主导思维方法。

从化学教材结构看，既要关注教材整体逻辑结构，对义务学段、高中必修学段、高中选择性必修学段进行统筹分析，这有助于解决“学到什么程度”的问题，更好地把握教学深度、广度①；又要关注教材章节的局部结构，分析教材阐述知识、技能等的视角。

从教学内容选择看，既要分析化学学科知识、化学学科方法、化学学科价值等学科内容，又要分析化学与人文、时代、生产生活实际相关联的内容；既要分析理论性学科知识，也要分析实验、实践性学科知识。

从内容组织形式看，既要分析清楚教材中的基本事实、概念、规律、原理、方法等的组织形式，又要分析它们之间的关联。

从核心素养培育看，既要分析教材的基本知识、基本技能和有效的思想方法与研究方法等智力因素，也要分析有利于培养学生辩证唯物主义观点，爱国主义思想和兴趣、情感、意志、性格、理想等的非智力因素。②

（三）可行性原则

可行性是指化学教材分析是在学生实际情况分析基础上，对教材知识内容逻辑顺序进行适当调整，以有利于在课堂教学中实现教学目标、完成教学任务。

教材是引导学生发展认知、认识生活现象、建构人格的一种范例，不是学生必须完全接受的对象和内容，而是引导学生认识、分析、理解事物并进行反思、批判和建构意义的中介。③ 教材应该按照知识的内在联系和逻辑顺序编写，充分考虑学生的心理认知发展顺序，但这并不一定适合所有的教学对象。因此化学教材分析既要分析知识的内在联系和逻辑顺序，又要基于学生的实际情况，客观分析学生的认知能力、知识学习起点等，对知识的逻辑顺序进行适当调整，保证在教学实际中有利于学生理解、掌握，在现实课堂教学中具有可行性。

（四）有效性原则

有效性是指化学教材分析要切实满足化学教学设计需要，为高质量化学课堂教学做准备，促进学生的发展、进步。教师通过化学教材分析深刻体会教材内涵，准确把握教材内容的重点、难点，明确化学教学目标，并结合学生实

---

① 田慧生．落实立德树人任务教育部颁布义务教育课程方案和课程标准（2022年版）[J]．基础教育课程，2022（09）：5－8.

② 骆炳贤．中学物理教材分析的原则［J］．齐齐哈尔学院学报（自然科学版），1990（01）：61－65.

③ 王后雄．中学化学课程标准与教材分析［M］．北京：科学出版社，2012：162.

际，设计最佳教学方法、选择合适的教学策略，精准把握教学进度。

三、化学教材分析的依据

（一）中学化学课程标准

化学教材是以化学课程标准为纲领编写的，是化学课程标准的具化。只有站在化学课程标准的高度才能深刻领会化学教材的编写背景、编写理念、教育功能，理解化学教材编写的基本原则、化学教材内容的选择、教材内容的编写与呈现等。

（二）化学教材

化学教材既是具体化的化学课程标准，又是学生进行学习的重要资源。化学教材力图将人类在长期实践中所积累的化学知识进行精练概括，它以化学学科知识为载体，围绕化学知识逻辑，向学生展现化学知识获得的过程和方法，引导学生利用化学学科特有的思维方式和方法，经历发现问题、提出问题、分析问题、解决问题的科学研究过程，体会化学学科对社会发展进步和可持续发展的功能、价值。同时蕴含着丰富的人文知识，对培养学生的科学精神和社会责任起到潜移默化的影响。通过化学教材分析，教师可以了解教材是如何落实化学课程目标的，即培养学生正确的价值观念、必备品格和关键能力。

（三）学生

教学的目标是促进学生发展。化学教材的知识体系结构、内容的深度和广度等是静态的，但是学生的知识基础、认知能力、心理发展是动态的。① 奥苏伯尔认为，教学的最终原则是根据学生原有的知识状况进行教学。因此，要充分考虑学生的已有基础进行化学教材分析。同时，还要考虑学生的兴趣、爱好、未来发展规划等。以此为基础，审视化学教材内容的适用性，考虑教学顺序、教学时数安排、教学重难点、教学难度是否需要做出相应调整等。

第二节　化学教材分析的模式

化学教材分析主要从宏观、中观、微观三个层面展开。

---

① 王海燕．中学化学课程标准与教材分析方法研究［J］．内蒙古师范大学学报（教育科学版），2018，31（05）：120－124.

一、化学教材的宏观分析

宏观分析的对象是整套教材，包括教材编写的历史背景、教材的编写模式、教材的内部结构及其关联、教材的编排体系、教材的栏目设计特点等。

（一）化学教材编写的历史背景

任何一部教材的产生，都有其一定的社会、经济及科学技术发展背景，正是在当时特定的社会、经济需求中，在当时的科学技术基础上，才产生了适应时代的教材。[①] 研究教材的历史背景，有利于理解教材编写的理念、目的、特点等。历史背景包括时代发展背景、国家发展背景和教育发展前沿。

1. 时代发展背景。基于时代发展背景思考、组织教材编写是保证教材先进性的重要保障。进入 21 世纪，人类进入信息经济时代。信息经济时代的基本特征是信息化、网络化、全球化，知识借助互联网平台呈现出快速、爆炸式增长的特点，人类学习知识的速度比不上知识在互联网上的增长速度，这必然要求人类的学习方式发生根本性变革。重新建构知识体系，掌握有代表性的知识从而为其他知识的学习，甚至终身学习奠定基础。将核心素养和化学学科核心素养作为课程改革主旨理念要求重整化学学科知识结构，这是充分考虑时代背景的重要体现。

2. 国家发展背景。国家和世界历史发展处于百年未有之大变局的关键时期。人才培养、科技创新必须满足这一趋势发展、变化的需求。基础教育阶段是思维培育的关键时期，这对基础教育提出了新的历史使命。化学学科在推动社会进步、促进社会可持续发展中发挥着不可替代的作用，化学学科承担着助推国家科学技术创新、解决社会实际问题等责任。

3. 教育发展前沿。国际基础教育研究发展迅速，要将基础教育最新研究成果应用于教学实践，为自主学习、终身学习奠定基础。2009 年 10 月，在法国召开的国际研讨会提出了“科学教育的原则和大概念”[②]。2014 年 9 月，在

---

① 刁传芳．“应用教材分析”的内容与方法［J］．中学地理教学参考，1986（03）：34－38．

② 温·哈伦．科学教育的原则和大概念［M］．韦钰，译．北京：科学普及出版社，2011：前言．

墨西哥召开第二次国际研讨会提出“以大概念理念进行科学教育”①。2013 年，美国《下一代科学标准》（Next Generation Science Standards）② 颁布、实施，提出以“大概念”“跨学科概念”“科学工程与实践”为统领。这一系列理论和实践研究成果为我国新一轮基础教育改革提供了借鉴。

教材是知识学习、思维培育的第一媒介，与历史背景相匹配的教材是人才培养、思维培育、学习方式改变的重要基础。

（二）化学教材的编写模式

化学教材的编写模式反映化学课程理念，化学课程理念具化为教材编写建议，指导、监督、调控化学教材编写全过程。分析化学教材编写模式，有利于教师整体把握教材内容，提高分析教材的实效。化学教材的编写模式大致包括四类：学科中心模式、社会中心模式、学习者中心模式、融合型模式。

学科中心模式的代表人物是布鲁纳和施瓦布等人。目的是培养“学者”。他们主张知识是课程中不可或缺的要素，强调把人类文化遗产中具有学术性的知识作为课程内容，特别重视知识体系本身的逻辑程序和完整结构。

社会中心模式的代表人物是弗莱雷和布拉德尔梅。目的是培养学习者的公民意识和民主意识，通过改变社会来建立一种新的社会秩序和社会文化。主张课程以现实世界中的问题为基础，内容围绕当代社会重大问题来组织，以广泛的社会问题为中心，尽可能多地参与社会。

学习者中心模式的代表人物是杜威。目的是帮助学习者有自由和机会实现自己的梦想。主张课程以儿童活动为中心，课程的组织应该心理学化，以学习者的需要和兴趣为基础，给予学习者探索机会，尊重他们的好奇心，给予他们进行个人化选择和承担责任的机会。

融合型模式是既考虑知识自身的逻辑顺序，同时结合知识的社会价值，又尊重学习者的兴趣、爱好等心理特征，统筹思考教材编写模式。

我国现行义务教育和高中阶段的化学教材是分学段按主题进行组织编写

---

① 温·哈伦．以大概念理念进行科学教育［M］．韦钰，译．北京：科学普及出版社，2016：前言．

② National Research Council. National Generation Science Standards：For States，by States（Volume 1）. Washington：D. C. The National Academics Press，2013.

的，因此其编写模式按学段和主题进行区分。义务教育阶段化学教材内容选择要求体现化学与人文的融合，密切联系社会生活经验，重视实验探究活动。可见，融合型模式是我国义务教育阶段化学教材编写的主要模式，但是基于不同的主题内容，侧重点有所差异，如表 2-1 所示。

表 2-1 义务教育阶段化学学习主题的编写模式

<table>
<tr><th>一级主题</th><th>二级主题</th><th>主要功能</th><th>主要编写模式</th></tr>
<tr><td rowspan="3">化学知识主题</td><td>物质的性质与应用</td><td rowspan="3">体现化学观念，培育科学思维，适应未来社会发展需要</td><td rowspan="3">学科中心模式为主，融合社会生活、生产问题</td></tr>
<tr><td>物质的组成与结构</td></tr>
<tr><td>物质的化学变化</td></tr>
<tr><td>化学方法主题</td><td>科学探究与化学实验</td><td>体现化学学科研究方法</td><td>学科中心模式为主</td></tr>
<tr><td>化学价值主题</td><td>化学与社会·跨学科实践</td><td>体现化学与社会生产、生活间的关联</td><td>社会中心模式为主，融合学科内融合、学科间的关联</td></tr>
</table>

高中阶段化学教材内容选择要求凸显化学学科观念，精选化学核心知识；重视实验探究与实践活动；关注社会生活，体现科技发展趋势；体现科学与人文融合等。但是高中化学教材编写分为必修学段、选择性必修学段，因此其编写模式除了与主题相关外，还与学段密切相关，其教材编写模式如表 2-2 所示。

表 2-2 高中阶段化学学习主题的编写模式

<table>
<tr><th>学段</th><th>一级主题</th><th>二级主题/模块</th><th>主题功能</th><th>主要编写模式</th></tr>
<tr><td rowspan="5">必修学段</td><td rowspan="3">化学知识主题</td><td>常见的无机物及其应用</td><td rowspan="3">体现化学学科思维方式和方法，适应未来社会发展需要</td><td rowspan="3">学科中心模式为主，融合社会生活、生产问题</td></tr>
<tr><td>物质结构基础与化学反应规律</td></tr>
<tr><td>简单的有机化合物及其应用</td></tr>
<tr><td>化学方法主题</td><td>化学科学与实验探究</td><td>化学学科研究方法</td><td>学科中心模式为主</td></tr>
<tr><td>化学价值主题</td><td>化学与社会发展</td><td>体现化学与社会生产、生活间的关联</td><td>社会中心模式为主，融合学科内融合、学科间关联</td></tr>
<tr><td rowspan="3">选择性必修学段</td><td rowspan="3">化学知识主题</td><td>化学反应原理</td><td rowspan="3">深入学习、探索化学知识，引导学生深入学习化学</td><td rowspan="3">学科中心模式为主</td></tr>
<tr><td>物质结构与性质</td></tr>
<tr><td>有机化学基础</td></tr>
</table>

（三）化学教材的内部结构及其关联

化学教材的内部结构是指化学教材的各组成部分组成的知识结构体系。分析化学教材内部结构有助于认清各组成部分的性能及教材整体功能。教材内部结构主要指知识之间的逻辑关系，一般包括并列关系、包含关系、因果关系、递进关系等。我国现行中学化学课程内容一级主题关系如表 2－3 所示。

表 2－3　中学化学课程内容一级主题整体关系

<table>
<tr><th>义务教育学段</th><th colspan="5">高 中 学 段</th></tr>
<tr><td rowspan="2">一级主题</td><td>必修课程</td><td colspan="2">选择性必修课程</td><td colspan="2">选修课程</td></tr>
<tr><td>一级主题</td><td>模块</td><td>一级主题</td><td>系列</td><td>一级主题</td></tr>
<tr><td>科学探究与化学实验</td><td>化学科学与实验探究</td><td></td><td></td><td>实验化学</td><td>基础实验
化学原理探究
化工生产过程模拟实验
STSE 综合实验</td></tr>
<tr><td rowspan="2">物质的性质与应用</td><td>常见的无机物及其应用</td><td></td><td></td><td rowspan="5">发展中的化学科学</td><td rowspan="4">化学科学研究进展</td></tr>
<tr><td>简单的有机化合物及其应用</td><td>有机化学基础</td><td>有机化合物的组成与结构
烃及其衍生物的性质与应用
生物大分子及合成高分子</td></tr>
<tr><td>物质的组成与结构</td><td rowspan="2">物质结构基础与化学反应规律</td><td>物质结构与性质</td><td>原子结构与元素的性质
微粒间的相互作用与物质的性质
研究物质结构的方法与价值</td></tr>
<tr><td>物质的化学变化</td><td>化学反应原理</td><td>化学反应与能量
化学反应的方向、限度和速率
水溶液中的离子反应与平衡</td></tr>
<tr><td rowspan="2">化学与社会·跨学科实践</td><td rowspan="2">化学与社会发展</td><td></td><td></td><td>作为交叉学科的化学
化学工程研究进展</td></tr>
<tr><td></td><td></td><td>化学与社会</td><td>化学与生活
化学与技术
STSE 综合实践</td></tr>
</table>

从表 2－3 可以看出，基础教育课程主题划分界限清晰、鲜明，义务教育

学段课程和高中必修课程主题内容基本一致，对化学学科知识、化学研究方法、化学研究价值都有涉及；高中选择性必修课程侧重化学学科核心知识学习；对选修课程国家并不要求有统一教材，而是注重校本课程开发，但是几乎覆盖了义务教育学段和高中必修学段的全部研究领域。

从形式关系看，四个学段内部的学习主题间是并列关系，例如，义务教育阶段的"科学探究与化学实验""物质的性质与应用""物质的组成与结构""物质的化学变化""化学与社会·跨学科实践"5 个主题间的关系；高中选择性必修课程"有机化学基础""物质结构与性质""化学反应原理"3 个模块间是并列关系，每个模块包含 3 个并列的学习主题，例如，"有机化学基础"模块包含"有机化合物的组成与结构""烃及其衍生物的性质与应用""生物大分子及合成高分子"3 个并列学习主题；高中选修课程"实验化学""发展中的化学学科""化学与社会"3 个系列间是并列关系，每个系列包含 3 或 4 个并列的学习主题，例如，"实验化学"系列包含"基础实验""化学原理探究""化工生产过程模拟实验""STSE 综合实验"4 个并列学习主题。

从内容深度、广度看，义务教育课程、高中必修课程、选择性必修课程、选修课程之间呈现递进关系。

从主题学习顺序看，学习主题间呈现递进关系。例如，义务教育学段课程，从"科学探究与化学实验"到"物质的性质与应用""物质的组成与结构""物质的化学变化"，再到"化学与社会·跨学科实践"，呈现"实践—理论—再实践"的递进关系；从"物质的性质与应用"到"物质的组成与结构"，再到"物质的化学变化"，呈现"宏观—微观—原理"的递进关系。

（四）化学教材的编排体系

化学教材的编排体系是为了更好地利于学生学习，根据化学学科知识的逻辑顺序、学生的认知顺序、心理发展顺序（简称为"三序"）等编排的教材知识系统结构。化学学科知识的逻辑顺序是指化学基本概念、基本原理、元素化合物等知识间的内在逻辑联系。学生的认知顺序是指学生学习知识技能的过程与规律，从感知到理解、从具象到抽象、从已知到未知、从易到难、从简到繁、从模仿到创造等。学生的心理发展顺序是指不同年龄段学生的认知能力水平，以及兴趣、需要、情感、态度、意志、性格等个性心理特征。教材编写是科学严谨的过程，为防止造成学生学习困难，"三序"是教材编写时必须认真思考和严格遵守的基本准则。例如，只考虑知识逻辑顺序编排，容易造成难度过大；只考虑学生的认知顺序和心理发展顺序，会造成知识点重复、琐碎，难成体系。

化学教材编写按照“三序”结合的具体方式有螺旋式编排、穿插式编排、镶嵌式编排和渗透式编排四种。

螺旋式编排方式。螺旋式课程的代表人物是布鲁纳。螺旋式教材编排体现了知识学习的一致性和阶段性。基础教育阶段学生学习化学知识的维度是一致的，但是随着年级、学段的变化，知识的难度逐渐增加，越来越接近知识本原。因此，教材编写要设计合理的知识梯度。

例如，“氧化还原反应”概念，在义务教育阶段，氧化反应与还原反应是分开介绍的，判断氧化反应的主要视角是是否与氧气反应，判断还原反应的主要视角是是否有氧元素得失；在高中阶段，氧化反应与还原反应是在同一反应中同时发生的，判断是否为氧化还原反应的视角先是元素化合价升降，然后进一步深入到原子结构中的电子得失视角。可见，对氧化还原反应的学习经历了物质（氧气）—元素（氧）—元素（化合价）—微粒（电子）的过程，学习难度梯度明显，是逐渐接近知识本原的螺旋式递进过程。

穿插式编排方式。穿插式编排是指为符合化学知识学习规律、分散教学难点等，在编写化学教材时，将不同类型的知识进行交替编排。例如，人教版《普通高中教科书·化学》（必修），章目录的编排顺序及其知识类别如表 2－4 所示。

表 2－4　人教版《普通高中教科书·化学》（必修）章目录编排顺序及知识类别

章	题目	知识类别
第一章	物质及其变化	反应原理
第二章	海水中的重要元素——钠和氯	元素化合物
第三章	铁金属材料	元素化合物
第四章	物质结构元素周期律	物质结构
第五章	化工生产中的重要非金属元素	元素化合物
第六章	化学反应与能量	反应原理
第七章	有机化合物	元素化合物
第八章	化学与可持续发展	化学与社会

从表 2 - 4 可以看出，教材对反应原理知识、元素化合物知识、物质结构知识进行了交替、穿插式编排。这种编排方式存在的意义在于：①分散知识难点，降低学习难度；②激发学习兴趣，消除学生学习过程中的疑虑，在理论指导下深入学习元素化合物知识，在了解元素化合物知识基础上探讨理论。

嵌入式编排方式。嵌入式编排是指为了让学生更好地理解知识内容、丰富认识视角、拓宽认识思路，在教材编排时将某一知识点嵌入大块知识体系中。例如，人教版《普通高中教科书·化学》(必修·第一册)，在“第二章　海水中的重要元素——钠和氯”中，在“第一节　钠及其化合物”“第二节　氯及其化合物”后，嵌入“第三节　物质的量”。义务教育阶段定量认识化学反应以质量守恒定律为基础，“物质的量”概念的引入将认识物质的宏观视角与微观视角联系起来，并为定量认识化学反应提供了新的认识视角，基于对应的分子个数认识化学反应，简化了定量计算，拓宽了认识思路。

渗透式编排方式。渗透式编排是指因为某些知识体系结构较小，但又非常重要，不宜独立成章或节而采取的编排方式。例如，在《义务教学化学课程标准（2022 年版）》《普通高中化学课程标准（2017 年版 2020 年修订）》中，“化学实验”分别与“科学探究”“化学科学”成为独立的学习主题。但是在编写教材时，无论是演示实验、探究实验，还是必做实验，均分布在其他学习主题的章节中，在物质的组成、结构、性质、应用的教学中逐步渗透关于化学实验的基础知识、基本技能、基本经验、基本思想、基本方法。

（五）化学教材栏目设计的特点

化学教材栏目设计是为了使学生更好地理解化学学科知识，体会化学思想和方法，感受化学学科价值，激发学生的学习兴趣，促进学习方式转变，丰富教学内容的呈现方式等。学生遵循栏目进行学习，能体验各种不同的学习方式，获得化学思想和方法，因此栏目设计分析是化学教材分析的重要组成部分。例如，人教版《普通高中教科书·化学》中的栏目设置及说明如表 2 - 5 所示。

表 2 - 5　人教版《普通高中教科书·化学》中的栏目设置及说明

栏　目	说　明	栏　目	说　明
[实验 X—X]	针对相关内容设置的实验，可教师演示、边讲边做或学生自己完成	科学史话	有关化学家、化学史料或化学发现等的拓展性内容

续 表

栏　目	说　明	栏　目	说　明
探究	体现探究过程和思路的活动，以实验为主，兼顾其他形式	科学·技术·社会	有关科学、技术、社会、环境等的拓展性内容
实验活动	课程标准中要求的学生必做实验	资料卡片	与学生学习内容相关的背景、解释和常识等拓展性资料
思考与讨论	与学习内容相关、有思考性的问题，需要独立思考后相互讨论	化学与职业	与化学相关职业的特点、工作内容和知识背景等的简介
方法导引	呈现科学研究、化学学习等过程中常用的一般方法	信息搜索	拓展学习内容的信息搜索方向及检索渠道
练习与应用	针对每节内容，依据课程标准中的学业要求编制的习题	研究与实践	拓展学习内容的课题、项目研究和实践活动
整理与提升	针对各章内容，从提升认识和观念的角度进行的归纳和总结	复习与提高	针对各章内容，依据课程标准中的学业要求编制的复习题

从表 2-5 可以看出，人教版化学教材通过设置不同的栏目，可以满足不同学生的学习需求，激发学生的学习兴趣，能在思想性、探究性、拓展性、价值取向、职业指导等方面促进学生发展。

二、化学教材的中观分析

化学教材中观分析的对象是教材单元，包括化学教材单元与化学课程标准的关系、教材单元知识分层建构及衔接、教材单元内部知识结构、教材单元的外部联系、教材单元的表达形式等。

（一）化学教材单元与化学课程标准的关系

化学教材单元内容与化学课程标准的对应关系是衡量化学教材是否贯彻党的教育方针、落实化学课程育人功能、实现化学课程目标的重要依据。通过将化学教材单元内容与化学课程标准进行对照研究，可以认清相关单元间的衔接与联系，合理把握化学教材内容的深度、广度及教学要求。

例如，人教版《普通高中教科书·化学》（必修·第一册）“第一章　物质及其变化”，本章包括“物质的分类及转化”“离子反应”“氧化还原反应”三部分内容，这三部分内容与《普通高中化学课程标准（2017 年版 2020 年修订）》中的必修课程内容中的“主题 2　常见的无机物及其应用”对应关系如表 2－6 所示。

表 2－6　人教版化学（必修·第一册）第一章与化学课程标准的对应关系

章　节	内容要求
第一节 物质的分类及转化	2.1 元素与物质　认识元素可以组成不同种类的物质，根据物质的组成和性质可以对物质进行分类；同类物质具有相似的性质，一定条件下各类物质可以相互转化；认识胶体是一种常见的分散系
第二节 离子反应	2.3 电离与离子反应　认识酸、碱、盐等电解质在水溶液中或熔融状态下能发生电离。通过实验事实认识离子反应及其发生的条件，了解常见离子的检验方法
第三节 氧化还原反应	2.1 元素与物质　认识元素在物质中可以具有不同价态，可通过氧化还原反应实现含有不同价态同种元素的物质的相互转化 2.2 氧化还原反应　认识有化合价变化的反应是氧化还原反应，了解氧化还原反应的本质是电子的转移，知道常见的氧化剂和还原剂

从表 2－6 可以看出，化学课程标准是教材编写的纲领，教材是化学课程标准“内容要求”的具化。“第一节　物质的分类及转化”与义务教育阶段的“基于物质类别”学习金属、氧化物、酸、碱、盐等知识内容相衔接，并发展了基于“元素”视角来认识物质；“第二节　离子反应”“第三节　氧化还原反应”进一步发展了基于“离子”视角、“电子”视角来认识化学反应。教材内容间衔接自然，与化学课程标准的对应关系准确、难度适切。

（二）教材单元知识分层建构及衔接

教材单元知识分层建构是指在不同学段、不同年级、不同单元中，同一学习内容主题要有层次、螺旋递进式呈现。通过分析教材单元知识分层建构及衔接能够明确“教到什么程度”。义务教育化学课程对核心素养的要求重视与高中化学课程的衔接①，这是义务教育阶段化学课程标准的基本理念之一。通过有层次、多样化、可选择的化学课程，拓展学生的学习空间，在保证学生共同基础的前提下，引导不同的学生学习不同的化学，以适应学生未来发展的多样化需求。② 这是普通高中化学课程标准的基本理念之一。

例如，“物质结构与性质”是概念原理知识，在义务教育课程、高中必修课程、选修课程中被分层建构，呈螺旋上升的编排特点，如表 2－7 所示。

表 2－7　“物质结构”领域分层建构及衔接

学段或模块	义务教育学段	高中必修学段	高中选择性必修学段	高中选择性必修学段
		《化学(第一册)》	《物质结构与性质》	《有机化学基础》
学习主题	物质的结构与性质	物质结构基础	原子结构与元素性质 微粒间的相互作用与物质的性质 研究物质结构的方法与价值	有机化合物的组成与结构
认识层次	初步了解	初步建立	系统认识	学会应用

教材单元分层次构建是中学化学课程标准的基本理念的体现和具化。从表 2－7 可以看出，中学化学课程标准从学段、学习主题上进行了统筹规划。充分考虑了学生的认知能力和心理发展规律，科学合理地把握了学习主题的深度、广度，从结构与性质关联了解物质结构，到了解原子结构、从化学键视角初步建立物质结构意识，再到从原子结构、相互作用、研究方法与价值视角系统认识物质结构，最后以物质结构为基础解释、预测有机化合物性质。认识层次按“初步了解—初步建立—系统认识—学习应用”逐级递进。

（三）教材单元内部知识结构

教材单元内部知识结构是指某一单元内的知识体系，直接目的是将教材单元知识结构化。通过分析教材单元内部知识结构能够准确抽提大概念，明确核

---

① 中华人民共和国教育部．义务教育化学课程标准（2022 年版）［S］．北京：北京师范大学出版社，2022：2.

② 中华人民共和国教育部．普通高中化学课程标准（2017 年版 2020 年修订）［S］．北京：人民教育出版社，2018：2.

心概念，合理分配教学时间，确定教学顺序。知识内容结构化主要有基于知识关联结构化、基于认识思路结构化、基于核心观念结构化①等形式。基于知识关联结构化是指按照化学学科知识之间的逻辑关系组织起来。基于认识思路结构化是指从学科本原对物质及其变化的认识过程的一种概括。基于核心概念结构化是指对物质及其变化的本质和其认识过程的进一步抽象，以促进学生建构和形成化学学科的核心观念。

例如，人教版《普通高中教科书·化学》（必修·第一册）“第四章 物质结构 元素周期律”，基于章节可绘制成的结构图如图 2-1 所示。

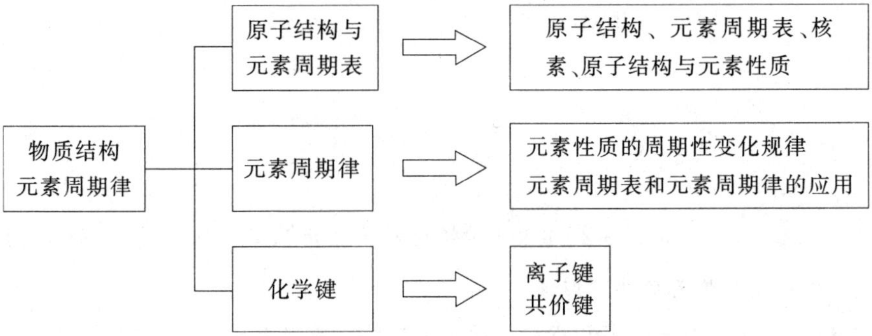

图 2-1 “原子结构与元素周期律”单元知识结构图

本章的“第一节 原子结构与元素周期表”，在原有知识基础上认识原子结构，利用原子结构知识解释某些元素的部分性质，形成原子结构与元素的性质的对应关系，引导学生将元素性质与元素周期表中的位置（族、周期）形成对应关系，最终形成位置、结构、性质的对应关系。基于认识思路结构化的元素“位”“构”“性”的关系如图 2-2 所示。

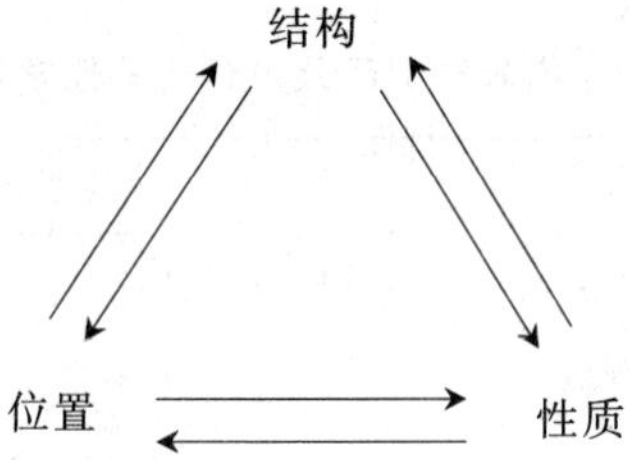

图 2-2 元素“位”“构”“性”的关系图

① 中华人民共和国教育部．普通高中化学课程标准（2017 年版 2020 年修订）[S]．北京：人民教育出版社，2018：70.

本章的“第二节　元素周期律”，基于元素性质的周期性变化规律，形成体现在原子核外电子排布、原子半径、元素金属性、元素非金属性等方面的周期性递变规律。元素性质周期性变化的实质是原子核外电子排布呈周期性变化。最终，形成“结构决定性质，性质反映结构”的统摄性化学观念。

本章的“第三节　化学键”，基于原子结构，建立化学键概念，从粒子间相互作用视角认识原子如何构成物质，以及化学反应中物质变化的实质。最终，形成基于知识关联结构化的化学键逻辑关系，如图 2-3 所示。

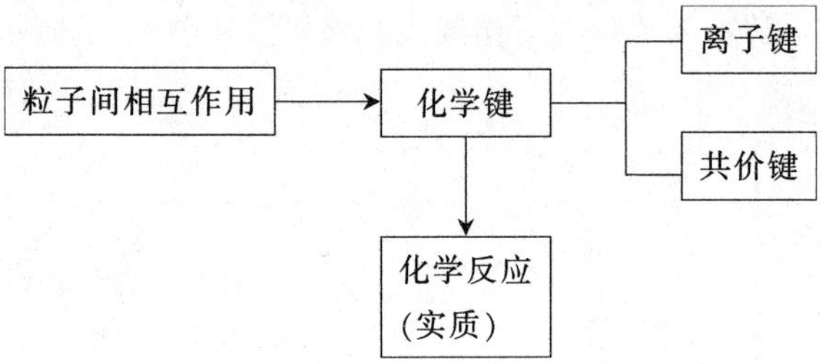

图 2-3　化学键逻辑关系示意图

（四）教材单元的外部联系

教材单元的外部联系是指与本单元知识内容有关联的本单元以外的知识内容，主要包括学科内联系、学科间联系、与 STSE 的联系。学科内联系是指与其他学段章节的关联，包括重叠与递进关联。学科间联系是指与化学以外的其他学科知识内容的关联，化学是一门高度综合的学科，可能与数学、物理、生物、地理、工程等学科相关。与 STSE 的联系是指化学知识与解决科学、技术、社会、环境相关的问题的关联，充分体现化学学科价值。化学教材中部分内容与其他学科的联系如表 2-8 所示。

表 2-8　化学教材中部分内容与其他学科的联系

本学科知识	其他学科知识
阿伏伽德罗定律及其推论	物理：气体实验定律
喷泉实验、气密性检验	物理：气体压强知识
化学键与分子间作用力	物理：库仑定律
原电池与电解原理	物理：电流、电场、电路
生命中的基础有机化学物质	生物：细胞的分子组成
关注营养平衡	生物：人体的内环境与稳态

续 表

本学科知识	其他学科知识
碳酸钙和碳酸氢钙转化	地理：喀斯特地貌形成
葡萄糖的有关知识	生物：光合作用知识
环境保护	地理：城市环境问题——光化学烟雾
二氧化碳的酸性	地理：土壤的酸碱性、酸雨
计算甲烷的键角	数学：立体几何及三角函数知识
化学计算	数学：比例、对数、方程知识

外部关联知识的价值：外部关联知识是重要的化学教学资源，可充实教材、拓展教学，是必要的教学手段；适当引入可以降低抽象性、理论性强的知识的难度，发挥各学科教学的整体功能；通过知识关联能激发学生的学习兴趣，使其开阔视野、拓展思路，培育其发散思维。

外部关联知识使用注意事项：使用外部关联知识要把握好“度”，切忌喧宾夺主，影响教学进度。重视外部关联知识的实际教学效果，紧紧围绕教学目标展开，切忌流于形式。

（五）教材单元的表达形式

教材单元的表达形式是指为了科学、合理、直观、准确地表达学习主题内涵及教学功能，为了便于学生更好地接受、加工信息，而采用的文字、图像、练习等化学信息呈现方式。

教材采用多样化的表达形式能够激发学生学习兴趣，提高学生的信息识别能力，使其更好地接受、加工、处理信息，促进教学内容的教育功能的发挥。化学教科书中图表系统的教学功能如表 2－9 所示。

表 2－9 化学教科书图表系统的教学功能①

图像系统组成	教学功能
实验图	向学生展示实验装置设计，操作原理，具有较强的示范性与科学性，有利于激发学生兴趣，培养学生的观察能力和实验动手能力

① 邓峰，钱扬义，柴颂刚，等．高中化学新教材（必修）图像系统的教学功能初步研究［J］．课程·教材·教法，2006（03）：78－81.

续 表

图像系统组成	教学功能
实物图	给学生直观印象，有利于达成视觉表征，增进学生对物质的物理性质的了解，加强记忆能力
微观与原理模拟图	将宏观现象微观化，有利于学生对较难的化学概念或原理的理解与掌握，纠正其可能存在的模糊概念与相异构想
知识点结构图	有利于学生从横向与纵向两方面把握知识点之间的联系，理解相互之间的转化关系，提高其归纳与演绎的能力
肖像图	激励学生以化学家为榜样，求实创新，加强其爱国意识
生活、生产图	帮助学生学以致用，将化学知识与生活、生产相联系，并加强其STSE 意识
知识点表格	有利于学生通过表征知识点进行分类归纳复习，促进其教学有效类比编码和对比编码记忆
实验探究表格	有助于激发学生的化学探究动机，让学生通过亲身探究得到实验数据，并得出正确的结论，培养其科学探究能力

分析教材单元的表达形式的注意事项：无论是何种表达形式，都必须紧紧围绕教材单元内容。考量不同的表达形式间配合得是否恰当，是否能发挥最佳的教育功能。基于教材内容特点差异，不同表达形式的多少或比例也可能存在差异。

三、化学教材的微观分析

化学教材微观分析的对象是教材内容，包括教材内容的学习目标、地位和作用、前后关联内容、呈现方式、重难点、知识价值分析等。

（一）教材内容的学习目标

为什么是学习目标，而非教学目标？主要为了突出课堂教学活动中“学生的主体地位”，以及新化学课程标准中提出的“学业要求”。教材内容的学习目标是对教学活动后学生行为和特征发生的预期变化。在义务教育阶段和高中阶段，化学学习的最高目标分别是核心素养和化学学科核心素养，核心素养和化学学科核心素养具体化为“课程目标”，“课程目标”与具体学习内容结合后转化为“学业要求”，即“学习目标”。新中学化学课程标准不仅要关注学生“知道什么”，更要关注学生“能做什么”。教材内容的学习目标即应该关注学生

“能做什么”。

分析教材内容的学习目标的基本方法：

1. 阅读具体学习内容的“前沿”内容。例如，人教版《普通高中教科书·化学》（必修·第一册），“第一章　物质及其变化”中“第三节　氧化还原反应”，在学习教学内容前，教材提出了如下问题：

> 在初中，我们根据反应中物质得氧或失氧，把化学反应分为氧化反应和还原反应。那么，只有得氧（或者失氧）的反应才是氧化反应（或还原反应）吗？氧化反应和还原反应是分别发生的吗？这类反应的本质是什么？

通过分析以上内容，得到如下启示：

(1)“在初中，……”说明本节内容是在初中相对应内容基础上的递进、延伸。

(2)“只有得氧（或者失氧）的反应才是氧化反应（或还原反应）吗?”说明对于“氧化还原反应”将会有新的认识视角。

(3)“氧化反应和还原反应是分别发生的吗?”说明在（2）的基础上，“氧化还原反应”进入全新认识。

(4)“这类反应的本质是什么?”在（2）（3）的基础上，从“根”上深入理解“氧化还原反应”的本质。

2. 带着1中的启示进行内容分析，可以看出：

本节课内容包括“氧化还原反应”“氧化剂与还原剂”两部分。

(1) 在“氧化还原反应”部分，首先从初中熟悉的氧化反应和还原反应导入，发现“得氧和失氧”是同时发生的，解决了1中（3）的疑虑；接着通过分析化学反应中元素化合价，发现“元素化合价升降”在氧化还原反应中普遍存在，解决了1中（2）的问题，把对“氧化还原反应”的认识视角从基于“氧元素的得失”发展到“元素化合价升降”。

(2) 在“氧化剂与还原剂”部分，分析了“元素化合价升降”的根本原因是“原子中电子的得失”，解决了1中（4）的问题。

通过1、2对照分析，解决了“知道什么”的问题。

3. 在“氧化还原反应”部分，基于“元素化合价升降”分析了学生熟悉的四大基本类型反应（分解反应、化合反应、置换反应和复分解反应）是否属于氧化还原反应。

4. 在“氧化剂与还原剂”部分，基于对“氧化剂”“还原剂”的认识，解释了金属的冶炼、电镀、燃料的燃烧、绿色植物的光合作用、易燃物的自燃、食物的腐败、钢铁的腐蚀等生产、生活中的实例发生的原因。

通过 3、4 的分析，解决了“能做什么”的问题。

所以，本节内容的“学习目标”为：

（1）能利用氧化还原反应原理对常见化学反应进行分类和分析说明。

（2）能利用氧化还原反应原理解释、说明生产、生活中的相关问题或现象。

通过与《普通高中化学课程标准（2017 年版 2020 年修订）》中必修课程“主题 2：常见的无机物及其应用”的“学业要求”相对照，与基于教材内容分析而设计的“学习目标”是相吻合的。

（二）教材内容的地位和作用

教材内容的地位和作用包括两层含义：

第一层含义，指教材内容的“地理位置”，既要指出教材内容在教材中的哪一章、哪一节，又要分析教材编写者基于什么考虑把这一内容安排在这里。

第二层含义，通过学习该部分内容，学生将掌握哪些方面的知识、技能、方法，对以后学习新知识和终身发展起到何种作用。

仍以人教版“氧化还原反应”内容为例，分析如下：

1. “氧化还原反应”内容位于人教版《普通高中教科书·化学》（必修·第一册）中的“第一章”“第三节”。高中化学与义务教育阶段化学相比较，化学反应方程式数量明显增多，初中认识化学方程式的视角难以满足认识更多化学方程式的需要。本章主要培养学生从“物质类别”“离子反应”“氧化还原反应”三个视角认识化学反应，为以后元素化合物知识的学习奠定基础。另外，氧化还原反应广泛存在于生产、生活中，高中必修课程是面向全体学生的，培养学生能够解释、说明真实问题或现象的能力。

2. 高中化学学习更加强调自主学习、建构学习、问题解决学习，通过分析教材内容发现，在已有知识、经验的基础上，进行概括、归纳、总结等是学习新知识的重要路径。高中化学学习应善于发现问题、变换视角认识和理解问题，发展创新思维。另外，学习的目的不仅是为“知道什么”，更重要的是“能做什么”。

（三）教材内容的前后关联

教材是一个有层次、有逻辑、有结构的知识体系。每一章、每一节教材内容的安排都有其目的，与前面已学内容和后续待学内容有着重要联系，最终要发挥其最佳价值。

例如，人教版化学教材中对“可逆”和“化学平衡”的理解呈现逐级递进关系，如表 2-10 所示。

表 2-10　人教版《化学》教材中“化学平衡”主题的前后关联情况

地理位置	《化学(必修·第一册)》	《化学(必修·第二册)》		《化学(选择性必修·第一册)》
	所有章节	第五章第一节	第六章第二节	第二章第二节
认识对象	单一化学反应	单一化学反应	化学平衡系统	化学平衡系统
认识视角	不可逆	可逆	定性	定量

从表 2-10 可以看出，教材对“化学平衡”主题的学习安排是逐级递进的，主要表现在“认识对象”和“认识视角”两方面。梳理教材内容的前后关联有助于教师在教学中把握好“度”，更好地体现化学教学的阶段性特征。

（四）教材内容的呈现方式

为了激发学生的学习兴趣，引导学生自主学习、主动探究，培养学生勇于创新的科学精神、实事求是的科学态度，围绕教材内容的理解和应用，基于不同的教育功能，教材编写者采用文字、图像等丰富多样的呈现方式来编写。

例如，人教版《普通高中教科书·化学》（必修·第二册）“第五章　化工生产中的重要非金属元素”“第一节　硫及其化合物”，教材内容分为主体和辅助两部分。

1. 主体部分的呈现方式

主体部分包括“前言”和“主题内容”，主要呈现方式包括“文本”和“符号”两种形式。“文本”是指文字表述等，其教育功能是陈述事实，包括基本知识、概念、原理等；“符号”是指元素符号、分子式、化学方程式等，其教育功能是学会用化学符号表征化学事实，培养学生的符号表征方法和能力。

2. 辅助部分的呈现方式

辅助部分包括以各种栏目或图表等呈现方式，承载着“支撑”“拓展”的教育功能。

教材中栏目及其教育功能如表 2－11 所示。

表 2－11　人教版“硫及其化合物”内容的栏目或图表及教育功能

栏目/图表	个数	教育功能
“［实验 X—X］”栏目，及实验装置图、“注意”“提示”卡片	4	支撑与拓展兼具。实验可以由教师演示，也可以让学生独立完成。基于实验现象、结果支撑相应内容主题的学习；与对应的实验装置图一起，拓展学生的实验基本知识、基本技能，包括实验流程、操作、示范等；“注意”提示卡片支撑实验，确保实验现象明显、效果显著
“资料卡片”栏目	3	拓展。拓展化学物质在自然界、生产、生活中的存在，感受学习化学的价值，提升社会责任感
“思考与讨论”栏目	2	支撑与拓展兼具。基于学习内容，设置思考题，培养学生独立思考、交流、讨论的能力
“探究”栏目	1	支撑与拓展兼具。基于学习内容，培养学生的探究、知识关联、交流讨论等能力
“方法导引”栏目	1	支撑与拓展兼具。基于理论视角支撑学习相关内容，提升学生的理论指导实践能力，拓展学生的化学学习理论视野
“化学与职业”栏目	1	拓展。帮助学生了解知识产生背景、与化学相关的职业特征和工作内容
“练习与应用”栏目	1	支撑。基于学习内容要求，编制练习题目，巩固学习成果
核心概念的中英文对照图片	2	拓展。拓展学生的英语专业词汇
物质的实物图	1	支撑。支撑对物质的物理性质认知，提升视觉表征能力
物理性质的数据卡片	1	支撑。用真实数据支撑学生对物质的物理性质认知
物质转化示意图	1	支撑。表征物质转化过程，学习化学原理和物质转化
化学反应流程图	1	支撑。通过实验过程中实验现象的动态变化，强化视觉表征，激发学习兴趣

从表2-11可以看出，针对教学内容，教材都采用了多种呈现方式，支撑学习知识内容，拓展学生的知识学习范围和学习能力，激发学生的学习兴趣。

（五）教材内容的重难点

教学重点和难点会对教学目标设计和教学过程设计产生至关重要的影响。教学过程要突出重点，突破难点。教学重点是指教材中具有典型性、基础性、统摄性、迁移性的知识。[①] 重点是一个相对概念，与知识的学科属性、知识学科本质、功能等因素有关。教学难点是指学生难以理解和掌握的内容。难点是绝对性和相对性的对立统一。绝对性是指由于知识自身的理论性、抽象性、复杂性等使得知识难以被理解；相对性是指由于学生个体已有知识、认知能力、心理发展等差异形成的思维和心理障碍。这里需要强调，教学难点应该是化学学科本身原因造成的困难，而与解决化学问题相关的数学、物理等其他学科知识造成的困难无关。

例如，化学知识包括元素化合物知识、概念原理知识和反应原理知识。要深刻理解三类知识的学科属性、学科本质特征、学科功能，并基于学生的学段确立重点和难点。重点是课堂教学的核心，难点是课堂教学的关键。难点可以从多种视角突破。例如，培养学习兴趣、合理设置目标、重视铺垫迁移、创设真实情境、超前渗透提示。[②]

（六）教材内容的知识价值分析

在以核心素养和化学学科核心素养为导向的课堂教学中，知识价值是知识学习的目标指向。马克思主义价值论认为，价值不是实体范畴，而是一种关系范畴。[③] 从科学认识论视角看，价值包括本体价值和工具价值。所谓本体价值是指以科学的需要和尺度为标准所做出的价值判断；工具价值是指把科学认识作为实现某种目的的手段、方法和途径。[④]

---

① 姜显光，刘东方．学科素养导向化学教学设计模式研究：基于《普通高中化学课程标准（2017年版）》教学与评价案例［J］．化学教学，2022（08）：36-41.

② 舒聪胜．例谈化学新课程教学难点的突破［J］．现代中小学教育，2005（06）：25-27.

③ 舒炜光，李庆臻．科学认识论（第四卷）［M］．长春：吉林人民出版社，1996：18-24.

④ 姜显光．高中化学反应限度学习进阶研究［D］．长春：东北师范大学，2019：38-39.

从学科教学视角看，知识价值包括学科价值、社会价值和素养价值。所谓学科价值是指知识对学科体系确立、发展、完善的价值。按知识的学科属性确立知识的学科价值，例如，氧化还原反应属于概念原理类知识，是认识化学反应本质的重要基础。所谓社会价值是指知识对解决社会生产、生活中的实际问题所发挥的功能。例如，氧化还原反应对于解决汽车尾气、酸雨等环境问题具有重要意义。所谓素养价值是指所学知识对学习其他知识、解决实际问题的指导、启发功能。素养价值强调知识要具有举一反三中“一”的功能。例如，基于电负性、重键（键能）等视角认识醛基，对基于化学键视角学习其他有机物官能团具有重要启发功能。

思考题：

1. 化学教材分析的基本原则是什么？依据是什么？
2. 如何从宏观、中观、微观层面进行化学教材分析？

第三章　学情分析

学生是课堂教学的重要组成部分。促进学生发展是课堂教学的最终目标，那么，基于什么确定发展目标？发展到什么程度？如何发展？回答这些问题均需要了解学生的实际情况，即学生的兴趣、爱好、性格、发展倾向等学习特点，学生已有的知识基础，学生的认知能力、心理发展特征等。

第一节　中学生心理特征分析及教学策略

中学生的年龄一般在12～18周岁之间，处于世界观、人生观、价值观形成和发展的关键时期，也是思维培育和发展的关键时期。中学生的心理特征表现如下。

一、中学生心理特征分析①

（一）好奇心强

好奇心是学生进步、发展的内驱力之一，在学习中表现为强烈的求知欲望，对未知事物充满新鲜感、好奇感，对已知事物追本溯源。例如，魔术表演中的喷泉实验是如何发生的？人工降雨是什么原理？宇航员在太空中呼吸的氧气从何而来？这类问题经常出现，但是没有化学知识基础又很难回答，学生对此充满疑问。

① 翟蕾，郭芳侠．基于初中生心理特征的物理教学策略［J］．教育教学论坛，2015(08)：167－168.（引用时有改动）

（二）思维灵活

建构学习理论认为学生就是通过自己学习，联系现有知识，创造新知识。思维灵活是中学生最突出的特点，他们对一些事物有着各种各样看似奇异的想法，要想创造出新知识就得让学生多动手、多思考、多总结。例如，对于化学实验现象的观察，对现象背后本质的理解，其中可能有些是错误的、不全面的，但是这充分体现了学生思维的灵活性，教师要积极引导、培养。

（三）直觉感性思维为基础，抽象理性思维逐渐发展

认知发展心理学理论认为人的思维遵循感性到理性、直观到抽象的发展规律。我国中学生年龄一般在 12～18 岁之间，这一阶段的青少年思维特征仍以具体形象思维为主，学习兴趣停留在事物或现象本身，而很少去探索现象背后的规律。

（四）有强烈的自我意识

自我意识，即个体对自己的认知态度。初中生有着强烈的自我意识，具体表现在他们开始对认识和评价自我产生浓厚兴趣，希望能在生活中、课堂上拥有表现自我的机会，并且有着强烈的好胜心。如果感觉到自我受到肯定，动力则会越来越强，越来越有干劲儿；反之，则会不断地自我否定，自我怀疑，慢慢会形成孤僻的性格。

（五）有丰富的情感

中学生情感丰富但多变，极易因一些偶然刺激而影响情绪。教师在学生心中拥有崇高的地位，对学生的鼓励、肯定、表扬等正面的评价将会让学生精神愉悦，增加其学习的内驱力；相反，对学生的打击、否定、批评等负面的评价将会让学生精神萎靡，意志力消沉，甚至放弃学习。在教学实践中，经常有学生因喜欢某一老师而喜欢该老师所教的学科，或者因老师的某一句话而放弃某一学科的学习。

（六）意志力薄弱，缺乏自控力

意志力是人自觉调节自我的行为去克服困难以达到目的的心理活动。有些学生意志薄弱，缺乏自我控制的能力，学习上碰到困难往往会丧失信心，几次测验成绩不好就会意志消沉，甚至放弃学习；疑难问题不能及时解决时，就灰心丧气，进行自责，意志消沉。

二、基于中学生心理特征的教学策略

（一）因势利导，激发兴趣

教师应抓住学生好奇心强的心理特征，激发学生的探究欲望，培养学生自主学习、探究学习、问题解决学习的能力。把化学实验作为激发学习兴趣的有效手段，让学生自己动手实验，体验科学探究过程；将课堂教学与生活联系起来，让学生在了解和认识自然的过程中得到满足感和幸福感，将学生的新奇感转化为永久的学习兴趣。中学生对网络也充满好奇，教师可以充分利用网络资源，让学生通过网络搜索信息，了解化学学科发展前沿动态，及时更新知识。

（二）鼓励大胆猜想，培养创新精神

思维灵活是中学生的突出特点，教师要基于此设计探索性实验，让学生有表现的空间和机会，积极开展课外活动，适应学生的好动心理，结合教学内容，鼓励学生大胆猜想。同时，教师要营造一个宽松的、自然和谐的、平淡的教学环境，使学生敢于提出问题，渴求解决问题，培养他们的创新意识。

（三）突出直观教学，以具象模型为基础

中学生在掌握概念和规律时，必须以具体形象的模型和经验为基础，并且需要教师的引导和鼓励。所以教师在平时的教学中应该突出直观教学，在不违背科学性原则的情况下，尽量将抽象的、微观的化学知识用生动、形象的形式展现出来，降低理解知识的难度。

（四）把课堂交给学生

依据建构主义理论，学生具有线性的主动性与能动性。所以，在教学过程中，教师应该把课堂交给学生，让学生在课堂上有机会表现自己，充分发表自己的见解，表达自己的思想和感情，以促进学生自我意识的形成，培养学生学习的主动性。为了满足学生的好胜心，可以在课堂上通过竞争的方式来让学生表现自己。比如：可以抢答或者以小组竞争的方式进行实验探究并分析实验结果，也可以通过竞争的方式来收集课外资料、完成作业等。在学生阐述结束后，老师要对学生的表现有所反馈，可以是一句表扬的话语或是一个肯定的眼神，学生受到了肯定，学习的动力就会越来越大。

（五）增进师生感情，幽默话语活跃课堂气氛

在课堂上，教师可用幽默风趣的语言进行调控。教师运用幽默生动的语

言，声情并茂地讲解，可以提高学生的注意力，使讲解内容变得风趣。教师对学生也要体贴、关心，要善于发现学生学习上的点滴进步，并及时给予鼓励、表扬；对基础较差的学生要通过查缺补漏以及指导学习方法等形式热情、耐心地给予帮助，从而使师生情感和谐、关系融洽。师生感情一旦融洽，学生就会尊敬老师，经常围着老师问问题，久而久之学习兴趣浓厚了，学习的自信心就增强了。有了学习的动力，学生学习起来就会更加努力、刻苦，学习成绩也会不断提升。

（六）合理安排进度，培养科学学习方法

教师在教学时，应细心揣摩教材，合理安排进度，本着先易后难、先感性后理性、先具体后抽象、尽可能地分散难点的原则，适当变动章节教学顺序；在不影响教学进度的情况下，对部分章节可增加教学课时，从而奠定学生扎实的知识基础。同时，教师在面对学生心态不稳、情绪多变、意志力薄弱这些特征时，不应该责备他们，反而要更多地指出他们的问题所在，向他们输送科学的学习方法，鼓励他们克服困难。只有让学生掌握了科学的学习方法，才能提高其解决问题的能力，增强学生的自控力和意志力。

第二节　化学学习认知障碍诊断及消除策略

学习障碍、认知障碍、化学学科认知障碍影响着化学学习的过程和结果，也是容易混淆的三个概念。①

一、学习障碍

学习障碍属于心理学、学习论范畴，指在学习中遇到的影响学生学习的问题或因素。学生在化学学习中可能会遇到各种各样的疑难困惑，如果这些疑难困惑不能被及时解决，影响学习进程，它们就成了学习障碍。

（一）学习障碍的基本属性

学习障碍不等同于错误。错误不一定会阻碍学习过程的推进，实际上有些

① 吴俊明．化学学科认知障碍及其诊断与消除［J］．化学教学，2018（04）：3－7．（引用时有改动）

错误反而可以从特定方面丰富、深化学习成果。例如，提供反面经验、试错经验。

学习障碍的基本属性包括阻碍性、可消除性和非偶然性。阻碍性，阻碍学习过程的进行和学习目标的实现；可消除性，通过学生个人努力或他人帮助可以消除，使学习过程得以继续进行；非偶然性，是由一定因素引起、造成的，而不是偶发的。

（二）学习障碍的成因分析

学习障碍的产生主要源于学生自身和环境两方面。学生自身原因包括：学生个人的情感、兴趣、态度等导致产生学习障碍；学生的智力、技能、能力等方面导致产生学习障碍；学生的自身性格、个性、心理健康等导致产生学习障碍；环境原因包括：家庭环境、社会环境等导致产生学习障碍。例如，在化学学习上付出很多努力，但考试屡屡失败，感到困惑、焦虑甚至灰心；别的同学能够一听（看）就明白，敏捷地解决问题，自己却老是想不到点子上；学习时难以较长时间保持注意力，难以较长时间保持学习热情；学的东西老是记不住；学得比较死，不会表征、不会应用、不会发散等。

二、认知障碍

认知障碍属于医学范畴，指涉及学习、记忆、语言、思维、精神、情感以及与思维判断有关的大脑高级智能加工过程出现异常，从而引起感知、记忆、思维、智能等方面的障碍，同时伴有失语或失用或失行等改变的病理过程。

三、化学学科认知障碍

化学学科认知障碍属于化学学科教学论范畴，指主体是智力正常的学生，可以通过教学活动予以消除的认知结构缺陷。化学学科认知障碍和化学问题解决障碍同属于化学学习障碍，但二者有着本质区别。化学问题解决障碍是指化学问题解决中遇到的障碍。化学学科认知障碍是指在化学学习过程中形成、获得有关概念、原理、规律等知识以及应用时遇到的障碍，主要表现为“不知”“不懂”“记不住”“不会用”。

（一）化学学科认知障碍的成因分析

1. 前概念。前概念是指在学习新概念前，通过生活经验或学校教育等途径习得、形成的相关概念。前概念可能是对的，也可能是错的，但是一定会对新知识的学习产生影响。前概念主要包括迷思概念和概念认知结构两方面。

前概念往往没有经科学界定，概括的基础事实较少，或者概括的方法欠妥当，常常包含着错误或者具有较大的局限性，所以又被称为相异构想或迷思概念。前概念干扰导致的化学学科认知障碍与具体的学习内容紧密相关。例如，在学习化学平衡知识前，学生了解到的平衡知识是基于生产、生活中的物理平衡，如杂技表演、二力平衡等，而不是基于化学反应的平衡。

概念认知结构是指在概念本质理解基础上，在知识间建立关联后形成的个性化的知识结构。在学习过程中，缺乏对知识的系统性的加工处理，未形成有效的结构化知识网络。由于上位概念缺乏，只会死记硬背，不能在知识间建立关联。在学习新知识时，无法在头脑中有效地进行同化、顺应、平衡。

2. 事实材料。基础性事实材料缺失可能导致认知偏差。造成基础事实材料过少的主要原因有：生活经验贫乏狭隘；没有必要的实验，或者实验时不善于观察，感知能力差，观察无序、不全面、不深入且不能跟思考结合，造成直接经验缺乏；阅读有关材料或者听课时粗心、信息接收不完整或者受短时记忆容量的制约，理解较差，造成间接经验缺乏。例如，认为“空气的主要成分是氧气和二氧化碳”“金属不能燃烧”“蜡烛在集气瓶中熄灭之后，集气瓶中没有氧气，只有二氧化碳”等等，就跟基础事实材料过少有关。

3. 事实材料思维加工缺乏。化学学习过程一般是通过事实材料获得感性认识，通过思维加工后上升到理性认识的过程。不能从事实材料中获得有效信息并进行思维加工，将造成对概念本质理解的缺乏。这种情况主要表现为：不会或不善于概括基础事实材料进而正确地形成概念或结论；不能或不善于有逻辑地运用概念进行判断和推理；不会或者没有用事实进行验证或矫正；没有或者不善于进行论证（包括反证）；只看现象，不看实质，受表面现象或虚假信息迷惑、干扰（例如，认为“铁是黑色的”）等等。

4. “先行组织者”不合理地应用。教师在课堂教学时，经常使用“先行组织者”策略，即在学习之前呈现引导性材料。对这种材料不恰当、不合理地引用将导致化学学科认知障碍。例如，在化学平衡教学中，教师所举实例都是生产、生活中的实际例子，因所举例子是开放系统，而化学学科所研究的化学平衡是在孤立系统中，因此无法让学生理解化学平衡的内涵特质。学生在似懂非懂中完成了学习，但在随后的学习和应用中仍然会存在认知障碍。

5. 知识激活和知识表征方式。知识激活是指学生已有的关键性知识在被应用时，能够保证优先被激活，关键知识能被顺利地选择和检索，“想得到”“想得起来”。核心知识无法及时、有效地被提取将造成化学学科认知障碍。

以符号形式描述物质是化学学科的特征之一。知识表征方式是否得当还跟知识的组合、搭配和组织有关：合理的表征能使知识便于记忆、理解、提取和应用；知识表征方式不当可能会影响知识的选择与提取，导致把部分信息当作整体信息等错误。

一般来讲，目前中学生在化学表征方面的困难主要是：抽象表征能力较差，对抽象的概念（如焓、熵及焓变、熵变）、数学式（如速率表示式、焓变表达式）、图像（如化学平衡曲线和其他化学平衡图像）等往往不能顺利地看懂；不同表征方式之间的转换能力较差（如具体现象的抽象表征、图像表征转换为文字表征）；空间—视觉（如复杂的结构式、晶格、晶胞结构）表征能力较差。

6. 微观世界认知。从微观层次认识物质是化学学科的特征之一，在原子、分子水平上研究物质。基于尺度视角，化学微观世界是肉眼无法看见的世界。因此，在认识原子、分子、晶胞等微观粒子结构、运动规律时，用宏观思维与宏观现象来代替微观思维与微观想象，不能恰当地进行微观想象和微观思维。例如，在原子结构教学时，微观粒子的本质特征是不连续性和不确定性，这与宏观世界的运动规律是不一样的，用宏观运动规律研究微观粒子运动容易造成宏观和微观认知混淆，产生认知障碍。

（二）化学学科认知障碍的消除策略

探明学生在化学学习中的具体认知障碍后，通过分析准确地判断成因，就可以采取针对性措施来消除学生的认知障碍。

1. 研究学生的前概念及认知结构。了解并研究学生的前概念，特别是相异构想、迷思概念，关注错误所在，精心设计或寻找有效的应对措施；了解学生的认知结构的合理性，在选择教学内容时注意内容的全面性、典型性和基础材料数量的适当性。提供适切的背景知识、上位知识、整体知识，使学生了解知识的来龙去脉、发生发展过程及其逻辑和联系，便于学生在学习概念时合理地将知识进行同化、顺应、平衡。重视在适当时机引导学生进行知识的联系、比较、综合，注意弄清知识之间的联系和区别，关注知识的最佳组合方式，使有关知识序列化、组块化。例如，明确核心概念、衍生概念，引导学生画出概念图，或者画出问题结构图、思维导图等，能促进其知识结构化，避免和消除认知障碍。

2. 丰富事实性材料，从感性认识上升到理性认识。丰富学生的直观经验，引导学生从化学角度观察世界，积极地开展化学实验实践活动，强化学习过程体验，增强感性认识。适切地补充间接经验，间接经验是直接经验的重要补充，在无法获取直接经验的情况下，需要提供必要的间接经验素材，如视频、图片等。

引导学生通过对事实性材料的思维加工，分析现象背后的本质，总结规律，了解知识的价值，准确地掌握概念、原理、定理、定义和典型科学事实，弄清概念的内涵，明确概念的外延和有关概念间的相互联系，从感性认识上升到理性认识。例如，在元素化合物知识教学时，在大量化学反应基础上进行总结，从价类二元视角认识元素化合物。

3. 提供适切的“先行组织者”。学科有其特定的研究对象、基础理论和研究方法，“先行组织者”的选择必须与所学内容有着内在关联。只有形式、表面联系的材料可能能够暂时解决知识学习中的问题，但无法从“根”上解决问题。随着学习的深入和应用的广泛，学生会更加迷茫，引发更多的认知障碍。例如，在化学平衡教学时，提供“食盐溶解于水形成饱和溶液”作为“先行组织者”是合适的，二者从本质上是一致的。一方面，食盐溶解于水涉及化学键断裂与形成，属于化学问题；另一方面，食盐溶解于水符合化学平衡规律。①

4. 强化知识关联，规范知识表征。通过学习化学知识主要解决两个问题，即新知识学习问题和解决生产、生活中的实际问题。这两个问题的解决都需要能够有效激活已学知识，从已学知识中找到与新问题的关联是解决问题的关键。规范知识表征有助于理解、记忆，有助于信息检索和提取，能够有效地消除认知障碍。例如，在学习元素周期律时，重点掌握同一族中典型元素的原子结构，根据电子层结构推演同族其他元素性质。

---

① 姜显光，郑长龙．关于化学平衡学科理解的几个问题：基于一位国内重点大学物理化学教授的访谈资料［J］．化学教学，2021（07）：88－93.

5. 重视在适当时机引导学生进行知识的联系、比较、综合，注意弄清知识之间的联系和区别，关注知识的最佳组合方式，使有关知识序列化、组块化。例如，明确核心概念、衍生概念，引导学生画出概念图，或者画出问题结构图、思维导图等，能促进知识结构化，避免和消除认知障碍。按照原理、反应物、装置、条件提供与控制、操作、产物分离与检测六个模块来了解实验；按照（必要的反应物预处理→）气体发生→除杂→收集→余气处理顺序来认识气体制备实验操作，有利于避免和消除实验认知障碍。

6. 适时地总结、提升，引导学生认识规律、理解规则。例如，在引导学生理解电解质概念内涵之后，再总结该概念的外延，从是不是电解质角度对物质进行划分，有助于预防、减少认知障碍。

7. 重视认知障碍的正面解决，不回避推诿。回避推诿、不正面解决问题的做法不能消除学生的认知障碍。例如，对于“冒火才是燃烧”，除了反问“点着了的香烟、蚊香是不是燃烧?”“它们跟电炉丝发红有没有不同？有什么不同?”引导学生注意“有没有生成新的物质”这个关键问题外，正面介绍“冒火”即产生火焰，是气体燃烧的现象，有助于彻底消除学生的疑惑。

四、学生已有知识基础分析

分析学生已有的学科基础知识、基本技能、基本经验等已有基础是课堂教学的起点，也是确定教学目标的基础。对学生的已有基础可以从以下方面展开分析：第一，基于教材分析，在本节教学内容前，学生学过哪些相关学科知识。第二，学生对已学知识的理解、掌握程度。第三，学生关于本节内容的前概念等。

思考题：

1. 中学生心理特征有哪些表现？可以采用哪些有针对性的教学策略？
2. 化学学科认知障碍的原因是什么？可以采用哪些消除策略？

第四章　化学学科理解和学习进阶

2018 年，我国基础教育课程改革在《普通高中化学课程标准（2017 年版）》中提出一个新概念——化学学科理解，这是开展基于化学学科核心素养发展的课堂教学的重要途径。学习进阶是 21 世纪科学教育的新兴研究领域。化学学科理解主要解决“教什么”的问题，学习进阶主要解决“教到什么程度”的问题。

第一节　化学学科理解

“教什么”体现“学科教学”中“学科”的特质性，是以“素养为本”的化学课堂教学中的核心问题。这一问题的解决需要教师对所教知识基于学科视角进行深入研究，保证所教知识的科学性、准确性，保证所教知识不出现“学科性”错误，并赋予知识素养功能，使其具备可迁移性，这在素养导向的化学课堂教学中具有重要意义。

一、化学学科理解对核心素养导向化学教学设计的价值①

化学教学设计不仅要基于“教学视角”进行课程分析、教材分析，还要基于“学科视角”进行学科功能分析。所谓学科功能分析是指基于学科本原认识学科主题或学科知识在学科体系中的学科价值的过程。其价值主要包括以下三方面。

---

① 义务教育化学课程标准修订组．义务教育化学课程标准（2022 年版）解读［M］．北京：高等教育出版社，2022：255－257.

（一）学科本原问题

学科本原问题回答“认识什么”的问题。所谓学科本原问题是指促使学科主题或学科知识产生的最原始问题。换句话说，就是学科主题或学科知识是在解决什么原始问题的背景下产生的。例如，道尔顿的原子论是为解决“到底构成物质的最小粒子是什么”这样一个原始问题而提出的。在道尔顿之前，波义耳提出了化学元素概念，认为元素是用化学方法不能再分的物质。元素是从宏观物质层面表征物质构成问题，原子是从微观粒子层面表征物质构成问题，道尔顿原子概念的学科功能则提出了物质的微观成分问题。又如“溶液”主题，义务教育阶段基于溶解现象认识溶液，高中阶段基于电离现象和可逆反应认识溶液，其中很多内容在探寻“如何定量表征（溶解/可逆）过程极限程度”这一学科本原性问题，在知识发展过程中，相关概念进一步形成。例如，“溶解度”概念的形成解决了“如何定量描述一定温度下物质的最大溶解程度”的问题。

（二）认识视角和认识思路

化学学科理解不仅要回答“认识什么”，还要回答“如何认识”的问题。所谓认识视角是指对物质及其变化的特征及规律进行认识的侧面、角度或切入点。例如，道尔顿的原子论蕴含的认识视角是基于原子认识物质的成分，而阿伏伽德罗的分子论蕴含的认识视角是基于分子认识物质的成分。二者都是基于微观视角认识物质成分，而元素是基于宏观视角认识物质成分，因此认识物质成分就有了宏观视角、微观视角之分。又如“溶液”主题，义务教育阶段的认识视角是基于物质（溶质）定量（质量）认识；高中阶段认识视角最初基于物质（弱电解质）定量（粒子数）认识，进一步发展到基于物质（反应物与生成物）定量（物质的量浓度）认识。认识视角实质上就是“举一反三”中的“一”，具有高度抽象性、概括性和统摄性，因而具有广泛的迁移价值。

所谓认识思路是指对物质及其变化的特征规律进行认识的程序、路径或框架。认识视角解决“从哪想”的问题，认识思路解决“怎么想”的问题。认识视角的形成会启发和指导学生学习思维的方向，帮助学生寻找解决陌生情境下复杂化学问题的突破口；认识思路的形成会启发和指导学生化学思维的路径，帮助学生形成解决陌生情境下复杂化学问题的分析框架。认识思路和认识视角超越了具体的化学知识，具有一般方法论意义。

（三）概念层级结构

概念层级结构解决了“如何结构化认识”的问题。大概念的提出对化学教学内容的组织提出了新的挑战，即如何基于大概念去建构概念层级结构。从概念的概括程度来划分，可将化学中的概念分为大概念、核心概念和基本概念。大概念对核心概念和基本概念的认识具有引领作用，而基本概念是核心概念建构的基础，核心概念又是大概念建构的基础。例如，“质量守恒定律”主题，其素养发展功能基于质量关系和比例关系引导学生建构化学反应中“物质变化的定量关系”这一概念，“质量守恒定律”和“化学方程式”属于核心概念，化学方程式的书写和计算则是基本概念。又如“化学反应与电能”主题，着眼于化学反应过程中系统和环境的能量传递，聚焦化学反应过程中能量传递的形式。主题大概念为“电功”，是电化学反应中能量传递的主要形式；主题核心概念为原电池和电解池；主题基本概念为电解质、电极电势、氧化还原反应、电极方程式等，概念层级结构的逐步建构形成了化学反应中能量传递的本原性、结构化认识。

二、化学学科理解的内涵

化学学科理解是指教师对化学学科知识及其思维方式和方法的一种本原性、结构化的认识，它不仅仅只是对化学学科知识的理解，还包括对具有化学学科特质的思维方式和方法的理解。[①] 基于化学学科理解定义，这一概念包括“理解什么”“怎样理解”两方面。

（一）理解什么

理解对象之一是化学学科知识。化学学科知识是在原子、分子层面关于化学物质的知识，对物质的成分（组成）、结构进行表征，对物质的性质和变化进行描述、解释和应用的知识。从知识属性看，化学知识包括化学实验知识、元素化合物知识、化学反应原理知识、物质结构知识等。知识的表征、描述、解释、应用等不是化学学科知识，而是化学知识学科功能的反映。[②] 例如，元

① 中华人民共和国教育部．普通高中化学课程标准（2017年版）［S］．北京：人民教育出版社，2018：76.

② 郑长龙．化学学科理解与“素养为本”的化学课堂教学［J］．课程教材教法，2019，39（09）：120－125.

素是具有相同核电荷数的一类原子的总称。这样的认识是化学知识，只有认识到元素是用来描述物质的宏观组成，形成认识物质成分的元素视角，知识才具有学科功能。

理解对象之二是化学学科思维方式方法。任何一门学科都存在具有其学科特质的思维方式和方法。化学学科核心素养中“宏观辨识与微观探析”是认识化学的视角，“变化观念与平衡思想”是认识化学反应的视角，这两条都是化学学科的思维方式；“证据推理与模型认知”是化学学科的思维方法。化学学科特质性的思维方式方法主要体现在对化学学科知识的认识方面。例如，化学平衡是典型的跨学科概念，化学、物理、科学哲学等学科都对“化学平衡”进行研究，但是三个学科分别基于不同的理论基础、不同的研究对象进行研究。化学的理论基础是化学热力学，物理的理论基础是统计热力学，科学哲学的理论基础是自组织理论；化学和物理的研究对象都是孤立系统、近平衡态；科学哲学的研究对象是开放系统、远平衡态。因此，三个学科研究“化学平衡”的视角有差异，化学学科是基于热力学视角开展研究，形成了具有化学学科特质的思维方式方法。

（二）怎样理解

理解方式意味着本原性、结构化。本原性是指对化学知识进行本原性思考，抽提学科本原性问题。结构化是指基于化学知识的学科功能进行关联，形成有机整体。化学学科理解的策略如下①：

首先，凝练学科知识本原，抽提认识视角和思路。探寻学科知识本原，抽提认识视角和认识思路是知识结构化的前提，是学科知识具有素养价值、可迁移性的重要保证。这也要求教师具有溯本求源的精神，探寻科学家提出某一概念背后的真实意图，了解他们究竟解决了哪些实际问题。例如，在化学学科中“物质结构与性质”部分，化学键、分子间作用力是两个核心概念，离子键、共价键等是化学键的样态，氢键、范德华力等是分子间作用力的样态。那么化学键和分子间作用力在化学学科中是为了解决什么问题而提出来的呢？这是一个学科本原性问题，探寻化学发展史可以发现，化学键解决了原子间相互作

① 姜显光，郑长龙，赵红杰．提升教师学科理解能力：缘起、意义及策略［J］．化学教育（中英文），2022，43（17）：94－99.

用的问题，分子间作用力解决了分子间相互作用的问题，二者虽然针对不同的研究对象，但共同解决的是“相互作用”问题，因此“相互作用”是学科大概念。由此，不难发现化学相互作用的认识视角包括原子视角和分子视角，二者又可统称为物质视角。化学除研究物质结构外，还研究物质变化；除研究物质间的相互作用外，还研究化学反应间的相互作用，如偶联反应，盐类水解就是高中化学中偶联反应的典型例子。因此，化学学科的相互作用可能是基于物质视角，也可能基于化学反应视角。

其次，在学科知识主题层面，将学科概念划分层级结构，并赋予学科功能。概念是对事物本质的界定和认识，是学科体系的支撑，是课堂教学的根基和柱石，是解决学科问题的工具，因此学科理解的重点是学科概念。要在化学学科主题层面上进行学科理解，任何学科都包括若干个学科主题。学科主题是能够统摄一类学科知识的学科核心概念或学科观念。概念在层级结构中的地位是相对的，选定的知识体系大小不同，概念在其中扮演的角色也是不同的，处于不同的层级。如从物理化学的角度出发，化学热力学和化学动力学是核心概念，这两个概念分别从可能性和现实性角度描述物质转化规律这一大概念出发，因此描述物质转化程度在此处就变成了核心概念。那么教师进行概念层级划分需要在哪一层面上进行呢？层面太高的话，只能从观念层面上进行理解，不具有迁移价值。层面太低的话，难以操作。

概念是有层级结构的，一般可划分为三个层级，即大概念、核心概念、基本概念。结构化、功能化的知识才有素养价值，是知识转化为素养的关键，具有统摄性功能的大概念具有更强大的功能价值。核心概念具有支撑作用，是位于学科中心的概念性知识，包括重要概念、原理、理论等的基本理解和解释，这些内容能够展现当代学科图景，是学科结构的主干部分。基本概念是核心概念形成的基础，包括样态、形式等。如化学相互作用主题，化学相互作用是大概念，化学键、分子间作用力、化学反应间作用力是核心概念，共价键、离子键、范德华力、氢键等属于基本概念。

三、化学学科理解的一般路径

从化学知识层面分析，化学学科理解的目的是将“死知识”变成“活知识”。“死知识”与“活知识”的区别在于知识是否有“思想（idea）”。一个人只有掌握了“活知识”才能称其为有素养，才能解决实际问题。知识活化模型为此提供了一般路径，如图 4－1 所示。

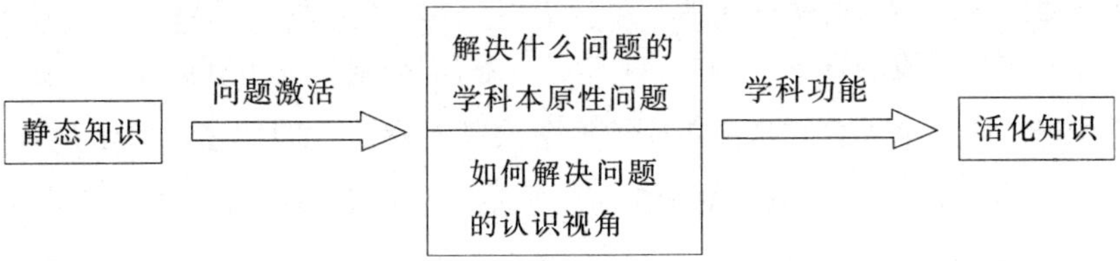

图 4－1　知识活化模型①

通过思考“解决什么问题的”“如何解决问题的”追问提炼学科思想，赋予学科知识功能。“解决什么问题的”是指引起知识产生的学科本原性问题。例如，化学家提出化学键解决什么问题？化学键主要为解决分子内部相互作用问题而提出，这终结了“二元论”“一元论”等历史争论，为科学认识分子结构奠定了基础。“如何解决问题的”是指解决问题的突破口，即认识视角，主要包括物质与能量、定性与定量、宏观与微观、状态与过程等。例如，化学键从原子视角、能量视角解决了分子内相互作用的问题。学科功能是指在学科知识体系中具体学科知识的价值，包括样态、表征、描述、解释、预测等。例如，离子键、共价键、配位键、金属键是化学键的样态；极化程度表征了共价键的极性，键能、晶格能等表征了化学键的强弱；原子电负性解释了共价键极化程度。

四、化学学科理解的实施路径

化学学科理解主要从“解决了什么问题”“如何解决问题”两个角度开展实施。

（一）“解决了什么问题”需要聚焦科学发展的矛盾点

科学发展在于问题的生成与解决，波普尔概括问题为“矛盾”，特别作为知与未知的矛盾。科学认识活动的动因是科学内部和外部的矛盾，矛盾可以出现在实践与实践之间、实践与认识之间以及认识与认识之间，具体的呈现形式

① 郑长龙．大概念的内涵解析及大概念教学设计与实施策略［J］．化学教育（中英文），2022，43（13）：94－99.

可以分别对应为“实验效度”“异常现象”和“学说争论”。①

“实验效度”体现的是实践与实践之间的矛盾，表现为科学家们对于一些科学实验观察事实或测量数据的怀疑和争论，这类矛盾的最终的解决依赖于新的仪器和技术手段的发展。例如，1803 年，英国科学家道尔顿提出化学意义上的原子概念，继承了哲学意义上原子概念的基本观点，即“基本粒子性”“不可分割性”②。1897 年，英国物理学家汤姆生对阴极射线做了定性、定量研究，推算出阴极射线粒子的荷质比，将其命名为电子，说明原子可分，具有几何结构，并于 1904 年提出原子“枣糕”模型。1911 年，英国物理学家卢瑟福基于 α 粒子散射实验，提出原子“有核”结构。实践与实践间的矛盾不断地推进着人们对知识的认知，促进了科学发展。

“异常现象”体现的是实践与认识之间的矛盾，表现为当时主流的理论无法解释一些实验事实，这类矛盾的出现和解决依赖于新理论的提出和发展。“异常现象”的出现往往是推动科学发展的重要契机。例如，基于经典电磁理论，卢瑟福提出了原子“有核”结构，电子终将落在原子核上致使原子“塌陷”，但是事实并非如此，原子能够稳定存在。1913 年，丹麦物理学家玻尔根据量子化思想、光具有波粒二象性、氢原子光谱提出氢原子结构模型。

“学说争论”体现的是认识与认识之间的矛盾，表现为科学家们运用不同理论解释现象时出现的差异，这类矛盾的解决依赖于新事实的发现、不同理论的融合或新理论的提出。“学说争论”是科学史上最常见的矛盾形式，例如，“离子在溶液中究竟是通电分解还是自动解离”？对此问题，阿累尼乌斯（Arrhenius）提出“电离学说”，与范特霍夫（van’t Hoff. J. H）、奥斯特瓦尔德（Ostwald. F. W）及其他化学家进行争论，最终创立了“物理化学”这一化学分支。

（二）“如何解决问题的”需要抽提科学转折的“突破点”

梳理“如何解决问题”的过程，恰恰是挖掘主题认识视角与思路，显性呈

---

① 单媛媛，郑长龙．基于化学学科理解的主题素养功能研究：内涵与路径［J］．课程·教材·教法，2021，41（11）：123－129．

② 姜显光，郑长龙．关于原子结构学科理解新视野［J］．化学教学，2022（04）：9－13．

现主题素养功能的关键。科学转折的“突破点”主要在于“思考路径”的抽提，即“科学家是如何解决矛盾证实观点的”？其中往往就蕴含着“认识视角与思路”的转变。[①]

例如，应用玻尔氢原子模型可以解决原子可能“塌陷”的疑虑，但是在解决多电子原子时遇到了困难，这就促使人们进一步研究玻尔理论的局限性，玻尔只认识到电子运动的粒子性，并未认识到其波动性。1924 年，法国物理学家德布罗意提出微观粒子具有波粒二象性假说。1926 年，奥地利物理学家提出薛定谔方程描述了微观粒子的运动状态。1927 年，德国物理学家海森堡在玻尔理论局限性的启发下提出测不准原理。1928 年，英国物理学家狄拉克提出四维波动方程，至此以量子力学为基础的原子几何结构模型得以建立。基于量子力学可知，微观粒子运动既具有粒子性特征，又具有波动性特征，因此微观世界的本质特征是具有不连续性、不确定性，描述原子结构有轨道和电子云两个视角。

五、【案例】化学原子结构的学科理解[②]

对于化学微观世界的深入认识，伴随着对于原子结构的持续探索。原子概念蕴含着回答“物质最基本成分”的价值功能，在最初被认为“不可分割”，但阴极射线和 α 粒子散射实验证明了“原子可分”，人们认识到原子由原子核和核外电子构成。那“原子核外电子是如何运动的?”“如何描述原子核外电子的运动状态?”“原子核外电子是如何排布的?”这些既是化学微观世界的根本性问题，也是原子结构主题的学科本原性问题。

（一）原子结构内涵

原子结构应包括静态结构和动态结构。所谓静态结构是孤立原子内部通过原子核与电子、电子与电子间相互作用形成的电子构造结构。所谓动态结构是两个孤立原子间通过相互作用形成新电子构造结构的过程。

---

① 单媛媛，郑长龙．基于化学学科理解的主题素养功能研究：内涵与路径［J］．课程·教材·教法，2021，41（11）：123－129.

② 姜显光，郑长龙．关于原子结构学科理解新视野［J］．化学教学，2022（04）：9－13.

（二）微观粒子的基本特征

1. 尺度微观

根据美国学者拜里、奥利斯在《生物化学工程》中给出的宇宙和生物直观尺谱图，原子世界、分子世界、生物世界、宇观世界的尺度分别小于 10^{-10} 米、$10^{-10}\sim10^{-7}$ 米、$10^{-7}\sim10^{2}$ 米、大于 10^{2} 米。而化学是在“原子、分子水平上研究物质”，“从微观层次认识物质”。化学不研究原子核内部结构，主要研究电子运动状态及相互作用。

宏观世界的理论基础是牛顿力学，研究对象是低速的、机械运动的物体。而微观世界的理论基础是量子力学，研究对象是微观实物粒子，因此两个世界的本质不同。

2. 本质微观

微观粒子具有波粒二象性，从单个粒子看，其运动是跳跃的，体现粒子性，特征是呈现不连续性；从大量粒子看，其运动满足统计规律，体现波动性，特征是具有不确定性。

研究物质结构通常有两种方法：一种是演绎法，即从量子力学规律出发，通过逻辑思维和数学方法处理，弄清楚原子内电子、原子核等的相互作用，推断出原子性质与结构的关系。另一种是归纳法，即通过光谱、X—射线等物理手段，测定电子运动状态，总结成规律。两种方法不是割裂的，应该通过理论指导实践，通过实践检验、完善理论。因此，可以从理论和实验两方面论证微观粒子的本质特征。

（1）不连续性

理论依据：研究微观粒子运动的理论基础是量子力学，微粒运动所吸收、辐射的能量是一份一份的，每份能量的大小与吸收、辐射光的频率成正比，这决定了其轨迹是不连续的。薛定谔从理论上推导出主量子数、角量子数、磁量子数来描述电子运动状态。狄拉克提出四维波动方程进一步解决了自旋量子数推导。

实验依据：原子发射、吸收光谱均是不连续的，呈分立线状谱，这说明电子运动吸收、辐射能量呈量子化特征。

（2）不确定性

理论依据：1927 年，德国物理学家海森堡受玻尔理论启发提出测不准原理，在某一时刻，电子的动量、位置不能同时被精确描述，只能用统计学方法描述其在某一空间出现的概率。

实验依据：电子束单缝衍射实验说明微粒运动具有“不确定性”。

（三）原子结构描述

微观世界的本质特征是不连续性、不确定性，而且“在实际讨论分子的静态结构及其在化学反应中发生的化学键变化问题时，我们最关心的还是轨道和电子云的角度分布，因为共价键是有方向的”，因此描述原子结构有原子轨道、电子云两个视角。原子轨道描述电子运动状态，电子云描述电子在不同轨道空间的分布状态。

1. 静态结构描述

（1）原子轨道视角

“轨道”是描述宏观物体运动的概念，借以描述电子运动，仅为了更易于理解。因微观粒子具有波粒二象性，当能量一定时，确切地描述电子处于空间某个位置没有意义。微观粒子基本特征之一是不连续性，电子只能吸收、辐射某些固定值能量，在轨道间跃迁。

原子轨道描述。原子轨道用主量子数、角量子数、磁量子数描述，3 个量子数基于能量区分原子轨道，并限定电子运动的区域范围。主量子数越大，轨道能量越高；主量子数相同，角量子数越大，轨道能量越高；主量子数、角量子数相同，轨道能量相同，称为“简并轨道”。

电子填充规则。原子核外电子填充的三个基本原则是能量最低原理、洪特规则、泡利不相容原理。三原则基于能量视角描述电子在原子轨道如何填充，能量最低原理保证电子填充时系统能量最低；洪特规则解决简并轨道电子如何填充，即能层、能级相同时，电子以半充满、全充满、全空、尽可能占据轨道方式排布能量最低；泡利不相容原理解决在同一轨道电子如何填充。多电子原子在能层较大时，因钻穿效应或屏蔽效应影响，有能级交错现象。

基于能量视角认识电子运动状态，引入第 4 个量子数——自旋量子数。科学家在研究钠光谱黄线精细结构时，发现黄线分裂为两条波长相差 0.6 纳米的谱线。1925 年荷兰物理学家乌仑贝克和哥希密特提出电子不依赖轨道运动、固有磁矩的假说，用电子“自旋”描述。

（2）电子云视角

微观世界的基本特征之二是具有不确定性，虽然某一时刻不能同时确定电子位置、动量，但可确定电子在某区域出现的概率密度，称为“电子云”。

电子在三维空间运动，不同轨道的电子云拥有不同的空间形状、空间取向。角量子数决定空间形状，如 s 轨道是球形，p 轨道是纺锤形。磁量子数决定空间取向，如 p 轨道的 p_x、p_y、p_z 三个简并轨道的电子云形状相同，但空间取向分别指向 x、y、z 轴方向。

2. 动态结构描述

为了解释分子构型或某些性质，科学家提出不同的原子相互作用的假说。其中价键理论、分子轨道理论、配合物的晶体场—配位场理论取得极大成功。以这些理论为例理解原子动态结构更直观。

(1) 原子轨道视角

在静态结构中，基于能量视角描述电子运动状态。但在外场作用下，原子轨道会发生轨道杂化、轨道匹配、轨道分裂等动态变化。

轨道杂化。1928 年，美国化学家鲍林为解释甲烷正四面体构型，提出杂化轨道理论。轨道杂化方式与中心原子或离子的结构、配体场性质等有关。轨道杂化分等性杂化、不等性杂化。等性杂化轨道成分是相同的，如：甲烷中碳原子的 1 个 2s 轨道与 3 个 2p 轨道进行杂化，形成 4 个分别占 1/4s 和 3/4p 成分的 sp^3 杂化轨道，每个轨道有 1 个电子；$[FeF_6]^{3-}$ 的中心离子 Fe^{3+} 以 sp^3d^2 杂化形成 6 个空轨道，而 $[Fe(CN)_6]^{3-}$ 的中心离子 Fe^{3+} 以 d^2sp^3 杂化形成 6 个空轨道。从形式看，两个配合物的配体不同，这说明配体性质对中心离子杂化有重要影响，但配体性质与形成配位键的关系比较复杂，难以全面概况，只能依实验事实，一般认为电负性较大的配体容易形成外轨配合物。不等性杂化轨道成分是不同的，如：NH_3 分子中氮原子外层电子构型为 $2s^22p^3$，成键时“混合”为 4 个 sp^3 轨道，其中 3 个轨道各填 1 个电子，1 个轨道填 2 个电子。

轨道匹配。1929 年，加拿大物理学家赫兹伯格和英国理论化学家修正了美国化学家穆利肯等人提出的分子轨道理论，用于解释化学键、原子价问题。原子轨道线性组合成分子轨道须满足两个条件：能量近似、对称性匹配。能量近似条件指发生线性组合的原子轨道能量相近，所谓轨道能量指在该轨道中填入一个电子时系统能量的降低或升高。对称性匹配指原子轨道符号匹配，原子轨道同号重叠形成成键轨道，原子轨道异号重叠形成反键轨道。如：H_2 分子，两个 1s 轨道能量相同，满足轨道能量近似条件，而当两个轨道靠近时，有两种可能情况：轨道符号相同，电子云密度大，系统能量降低，形成成键轨道；轨道符号相反，电子云密度小，系统能量升高，形成反键轨道。

轨道分裂。1929年美国物理学家贝提，1932年英国化学家范福利克先后提出并发展了静电晶体场理论，当金属离子处于晶体中或形成络合物时，配体被拉到金属离子周边，使5个简并d轨道能量升高，因5个d轨道电子云有方向性，因此受静电场影响不同，故发生能级分裂。如：八面体配合物 $[Ti(H_2O)_6]^{3+}$，Ti^{3+} 中5个简并d轨道中只有1个电子，这个电子在5个d轨道中出现几率相同。设想把6个水分子配位端均匀地分布在一个球形对称场，Ti^{3+} 中5个d轨道受到静电排斥作用而能量升高。但实际上6个水分子形成八面体场，在z轴两个方向上，d_{z^2} 轨道与2个水分子负端迎头相碰，在x、y轴四个方向上，$d_{x^2-y^2}$ 轨道与4个水分子负端迎头相碰，致使 d_{z^2}、$d_{x^2-y^2}$ 轨道受负电荷排斥作用大，轨道能量升高；而 d_{xy}、d_{xz}、d_{yz} 轨道分别在坐标轴夹角平分线上，受负电荷排斥作用小，轨道能量降低，故在八面体场作用下，5个简并d轨道分为两组，一组是能量较高的 d_{z^2}、$d_{x^2-y^2}$ 轨道，另一组是能量较低的 d_{xy}、d_{xz}、d_{yz} 轨道。

（2）电子云视角

原子轨道调整后，将进行电子云调整，确保电子云重叠程度最大，这是动态结构变化的第二步。

1928年，美国化学家鲍林提出电子云重叠越多，形成的共价键越稳定。即共价键形成一定采取电子云密度最大的方向，这是共价键有方向性的依据。因此，电子云重叠程度最大是电子云调整的依据。电子云重叠程度受重叠方式影响，重叠方式受电子云形状、取向影响。

那么在处理实际问题时，电子云形状、取向如何调整呢？因电子云形状、取向与原子轨道有关，故受原子轨道是否变化影响。

①如果原子轨道未变化，电子云形状、取向也不变化，这种情况发生在以分子轨道理论为基础解决问题时，而配合物晶体场—配位场理论只发生5个d轨道能量分裂，并未改变电子云形状、取向，后续仍以分子轨道理论为基础。20世纪30年代初，洪特和伦纳德-琼斯等人提出按分子轨道沿键轴分布特点分为σ轨道、π轨道，所谓键轴指成键两原子的原子核间的连线。原子轨道都有一定的空间伸展方向，当两个s轨道重叠时不需考虑成键方向，其他都要考虑

成键方向。以 p 轨道为例，假定键轴为 x 轴，当两个原子沿 x 轴靠近时，两个 p_x 轨道沿键轴方向头碰头地重叠形成 σ 轨道，σ 轨道是电子云重叠程度最大的成键方式，p_y 和 p_z 轨道沿键轴方向肩并肩地重叠形成 π 轨道。后人又补充了 δ 轨道，若键轴为 z 轴，两个 d_{xy} 或两个 $d_{x^2-y^2}$ 轨道重叠形成 δ 轨道，如 $Re_2Cl_6{}^{2-}$ 配离子中存在这种轨道。

②如果原子轨道变化，电子云形状、取向将发生变化，这种情况发生在以价键理论为基础解决问题时。如：甲烷中 1 个 2s 轨道和 3 个 2p 轨道发生等性杂化，形成 4 个杂化轨道，4 个杂化轨道间存在斥力，而斥力大小与电子对类型（孤对电子对、成键电子对）、是否形成 π 键等因素有关。一般基于价层电子对互斥理论计算中心原子轨道的电子云取向，保证足够大空间实现电子云重叠程度最大。甲烷碳原子新电子云空间伸展指向正四面体 4 个顶点，再基于电子云形状沿键轴方向重叠。

基于上述分析，“核外电子运动与描述”可作为原子结构主题大概念，是如今人类看待微观世界的主要思考角度和思维方式，引领对微观世界的认识和探索。“量子化”和“概率分布”是核外电子的运动特征，“原子轨道”和“电子云”是核外电子运动的描述特征，它们是认识核外电子运动的核心概念。“基态”“激发态”“能层”和“能级”等则是该主题的基本概念。

第二节　学习进阶理论

“教到什么程度”体现课堂教学的阶段性和连续性。学习进阶基于学习者的思维发展规律，保证课堂所教知识与学生的认知特点相匹配。

一、学习进阶对核心素养导向化学教学设计的价值[①]

（一）学习进阶为整体设计学生核心素养的发展提供了依据

学习进阶体现了素养发展的整体性。核心素养导向的学习进阶体现了核心素养发展的连贯性，进阶起点也是核心素养发展的起点，进阶终点指明了核心

---

① 义务教育化学课程标准修订组．义务教育化学课程标准（2022 年版）解读［M］．北京：高等教育出版社，2022：259.

素养发展的方向，进阶水平标示了核心素养发展的路径。因此，学习进阶是对化学教学中学生核心素养发展要求进行的系统性规划。

（二）学习进阶为核心素养导向化学教学目标设计提供依据

学习进阶体现了素养发展的阶段性。在整体刻画化学教学中学生核心素养发展的同时，也精准地描述了每一个阶段核心素养发展的主要目标和任务，因此为从认识思维、认识对象、认识视角三个维度刻画化学教学目标设计提供了依据。例如，对物质性质的认识，可划分为从物质的外部特征、物质类别、元素价态、基于元素周期律认识其递变规律等不同水平。

（三）学习进阶为核心素养导向化学教学评价设计提供了依据

核心素养导向的化学教学设计，不仅要解决核心素养在化学教学过程中“落地”的问题，还要解决它在学习评价中“落地”的问题。学习进阶中的“表现期望”为设计不同素养发展水平的评价题目提供了科学依据。例如，从元素、原子等不同视角认识物质的组成。

二、学习进阶的内涵

学习进阶这一词汇来源于发展心理学，用来监测一段时间内关于一些科学领域内儿童观念的发展变化。2004 年，学习进阶这一名词被引入科学教育领域，不同学者对学习进阶的理解存在差异。2007 年美国国家理事会给出的学习进阶定义被大部分学者所接受，即在一段时期内，儿童学习或探究某主题时，其思维方式可能连续且不断地精致化发展的描述（descriptions of the successively more sophisticated ways of thinking about a topic that can follow one another as children learn）。

对上述概念界定进行解析，会发现学习进阶有三个特征①：第一，“successively more sophisticated”说明学习进阶定性地描述了某一主题的不同思维方式，这一点主要体现在学习进阶的层级划分上。也就是说在不同年级、不同学段学生对同一主题的理解、认识的思维方式是不同的，处于不断地精致化过程中。第二，“ways of thinking about a topic”说明学习进阶拆解科学主题的依据是学生的思维本质，而不是学科逻辑或学科内容逻辑分析。第三，“can”一

① 姜显光．高中化学反应限度学习进阶研究［D］．长春：东北师范大学，2019：10－11.

词翻译成汉语意为“可能”，预示着学习进阶并不是发展中不可避免的，学习进阶试图描述一种更好序列的学习和更加精致设计的教学。

三、学习进阶的理论基础

学习进阶的主要理论基础是皮亚杰的认知发展理论和维果茨基的最近发展区理论。

皮亚杰以“生物学、逻辑学和心理学为基础”① 揭示了儿童智力、思维的起源和发展，揭示了个体认知发展的特征、规律。强调个体认知发展的普遍性、连续性、阶段性和不可逾越性。

维果茨基强调人类心理的“社会起源”②，强调学习的社会基础，这与皮亚杰强调个体建构的观点互相弥补。维果茨基提出了最近发展区理论，即在教学中要确定两个水平。第一个水平是现有的水平，即儿童现在的问题解决水平。第二个是通过教学所能达到的水平。这两个水平之间的差异就是最近发展区。“如果学习者现有的知识水平已知，并且通过已有研究发现了一种可能的学习路径，那么就有可能通过教学促进学习者最近发展区的学习，这一观点成为学习进阶研究的理论前提。”③

四、学习进阶模型的构成要素

学习进阶由进阶维度、成就水平、表现期望构成。

（一）进阶维度

进阶维度是指学生在学习某一主题时，通过追踪这些维度的发展变化来了解其整体的学习进程。进阶维度是保证学生在学习某一主题时的前后一致性。科学认识论中的“建构”是主体积极地认识客体的过程。“人们认识的主要目标应该是：达到本质，探究必然性，把握规律性。”④ 因此，对于某一知识主题的学习来说，进阶维度包括静态本质、动态规律和价值三方面。例如，化学

---

① 林崇德．发展心理学（第二版）[M]．北京：人民教育出版社，2009：50.

② 林崇德．发展心理学（第二版）[M]．北京：人民教育出版社，2009：47.

③ 王磊，黄鸣春．科学教育的新兴研究领域：学习进阶的研究 [J]．课程·教材·教法，2014，34（1）：112－118.

④ 舒炜光主编．科学认识论（第一卷）[M]．长春：吉林人民出版社，1990：16.

反应限度的进阶维度包括限度的表征、限度的改变和限度改变的价值。

（二）成就水平

成就水平是指随着不同年级或不同学段的发展，学生的思维方式的发展变化。学生的认知水平随着其心智的发展而发展，因此具有连续性。同时学生认知发展与其心智成熟程度有关，因此具有阶段性。

哪些变量能够衡量学生不同阶段的认识发展呢？这就是进阶变量的确立问题。进阶变量一定是随着学生的认识而发展的，因此具有一般科学方法论意义。同时，学习进阶建立的载体是学科主题或核心概念，因此又要体现学科特质，反映学科思想，要从认识思维、认识对象、认识视角三个方面刻画学生的进步发展。

成就水平的划分首先要确立进阶起点和进阶终点，在进阶起点和终点间划分不同的发展阶段。进阶起点需要综合考虑学生的前概念，关注学生的已学知识和生活经验等。进阶终点是通过学习达到的最高水平。核心素养为本的课堂教学要求学生能够运用所学知识解决社会生产、生活中的实际问题，因此最高水平是全方位、综合视角解决实际问题。例如，化学反应限度学习进阶的进阶变量与水平的对应关系如表 4-1 所示。

表 4-1 化学反应限度学习进阶的进阶变量与成就水平的对应关系①

<table>
<tr><th colspan="3">进阶变量</th><th rowspan="2">水平</th></tr>
<tr><th>认识思维</th><th>认识对象</th><th>认识视角</th></tr>
<tr><td>问题解决</td><td rowspan="4">化学反应系统</td><td>综合</td><td>7</td></tr>
<tr><td rowspan="3">描述</td><td>图像表征</td><td>6</td></tr>
<tr><td>定量表征</td><td>5</td></tr>
<tr><td>定性表征</td><td>4</td></tr>
<tr><td rowspan="3">意识</td><td rowspan="2">单一化学反应</td><td>可逆</td><td>3</td></tr>
<tr><td>不可逆</td><td>2</td></tr>
<tr><td>物质</td><td>物理变化</td><td>1</td></tr>
<tr><td>前概念</td><td>物体/物质</td><td>物理平衡</td><td>0</td></tr>
</table>

① 姜显光．高中化学反应限度学习进阶研究［D］．长春：东北师范大学，2019：84.

（三）表现期望

表现期望是指处于特定年级或学段的学生在完成某一任务时，应有的表现或能力，或者是表现学生的心理特征等。表现期望的确立以进阶变量作为基准，对学生在进阶维度上应有的表现或能力进行刻画和描述。学习是面向全体学生的，因此表现期望应该体现出“基础性”的特点，同时表现期望也是学生的能力素养的体现。

《义务教育化学课程标准（2022年版）》《普通高中化学课程标准（2017年版）》对课程目标的描述，都强调“能……”，因此表现期望不仅要关注学生“知道什么”，更要关注学生“能做什么”。同时关注学生的高阶思维发展，强调基于认识视角进行解释、说明、预测、应用等。

例如，化学反应限度学习进阶水平4，三个维度的表现期望如表4－2所示。

表4－2　化学反应限度学习进阶水平4的表现期望

水平	表现期望		
	限度的表征	限度的改变	限度改变的价值
4	能定性地描述化学反应平衡系统的特征：逆、等、动、定、变	能根据勒夏特列原理定性地判断限度随外界条件的变化趋势	能结合化学反应速率定性地解释化学反应条件的选择

五、学习进阶对化学教学设计的贡献①

学习进阶是针对某一学科核心概念划分出了不同的层级水平，具体与学段、年级对应。在不同学段进行教学时，可参考相应的层级水平制定教学目标。学习进阶研究对课堂教学的贡献如下：

（1）认识理解本原化。学习进阶是基于学科本原进行维度抽提，因此能够从学科本原上解决学生对于概念、知识的理解认识问题，易于实现概念转变。

（2）认识思路结构化。学习进阶研究是统整学段和年级，从整体上进行逻辑把握，提供了清晰的认识思路。

① 姜显光．高中化学反应限度学习进阶研究［D］．长春：东北师范大学，2019：116.

（3）认识视角显性化。认识对象和认识视角是两个重要的进阶变量，在学习进阶的研究过程中显性化提出，为课堂教学提供了认识角度。

（4）认识思维进阶化。认识思维是随着学生的认识发展而逐步发展的，这既要符合学生认知思维发展的一般规律，同时也取决于学生已有的认识水平。学习进阶是基于思维本质进行概念拆解，划分出不同的成就水平，因此为课堂教学范围界定提供了参考。

（5）认识目标素养化。课堂教学目标与课程目标是一致的，都是基于解决问题而设立的。基于“能做什么”进行表现期望的描述，为课堂教学目标素养化提供了参考。

思考题：

1. 化学学科理解对核心素养导向化学教学设计的价值是什么？如何进行化学学科理解？请自选一个化学学科主题进行理解。

2. 学习进阶对核心素养导向化学教学设计的价值是什么？学习进阶的构成要素是什么？请自选一个化学学科主题进行学习进阶模型构建。

第五章　化学教学设计

教学设计是运用系统方法对各种课程资源进行有机整合、对教学过程中相互关联的各个部分做出整体安排的一种构想，即为达到教学目标，对教什么、怎么教，以及达到什么效果进行的策划。

化学教学设计是化学教师根据化学教学目标、化学教学内容以及学生的实际（知识基础、能力发展水平、生理和心理特点等），运用教学设计理论和方法，对化学教学方案做出的规划。化学教学设计可以从宏观、中观、微观三个视角开展，其模式如图 5－1 所示。

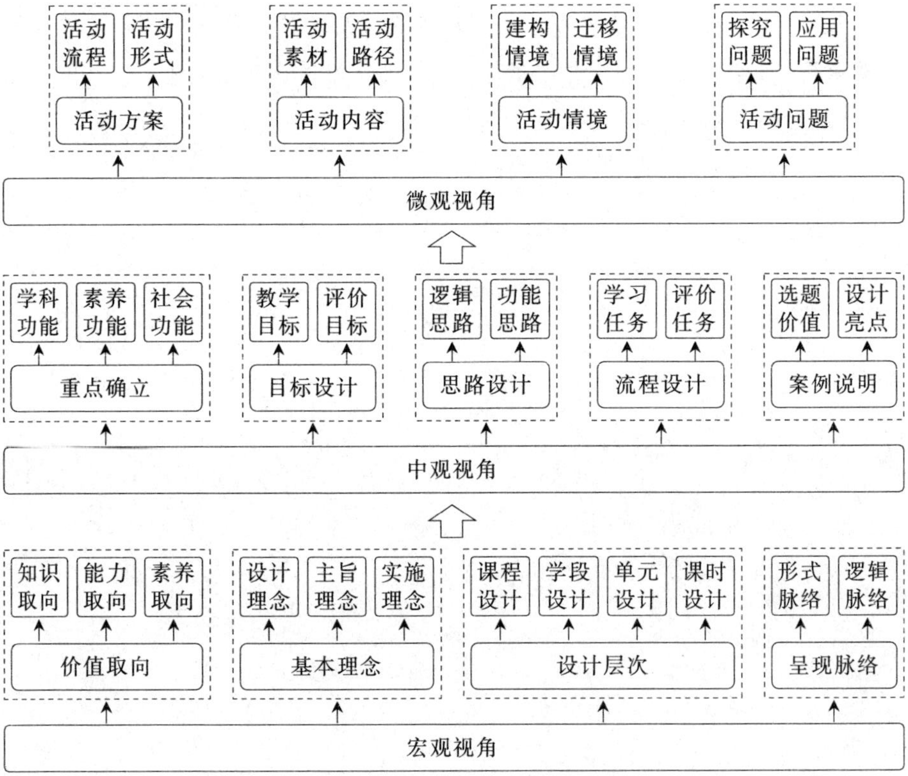

图 5－1　化学教学设计模式图

第一节　宏观视角教学设计

宏观视角认识化学教学设计包括教学价值取向、教学设计基本理念、教学设计层次和教学设计呈现脉络等。

一、化学教学价值取向

明确化学教学设计价值取向是进行化学教学设计的基础。所谓化学教学价值取向是指化学课堂教学所秉持的基本理念和价值追求的概括。[①]

综观我国基础教育课程改革发展历史。20 世纪，基础教育课程提出的基本理念是基础知识、基本技能（简称“双基”），课堂教学价值取向是“知识取向”，强调学习基础知识、基本技能。2001 年，基础教育课程改革提出的基本理念是知识与技能、过程与方法、情感态度与价值观（简称“三维目标”），课堂教学价值取向是“能力取向”，强调学习基础知识、基本技能，同时要求通过科学过程和科学方法培养学生的科学探究能力。2018 年，高中学段课程改革提出的基本理念是学科核心素养；2022 年，义务教育学段课程改革提出的基本理念是核心素养，强调基于所学的学科知识、技能，通过科学过程和科学方法解决实际问题。“知识取向”的课堂教学秉持“知识为本”，侧重于知识、技能的累积、辨析。“能力取向”和“素养取向”都秉持“素养为本”，但是其素养指向是不同的，“能力取向”指向“科学素养”，而“素养取向”指向“学科素养”。

二、素养导向课堂教学的基本特征

课堂教学是发展学生核心素养的主渠道，发展学生的化学学科核心素养，要求教师积极开展“素养为本”的课堂教学实践[②]，教师应秉持化学课堂教学

---

① 郑长龙．2017 年版普通高中化学课程标准的重大变化及解析［J］．化学教育（中英文），2018，39（9）：41－47.

② 中华人民共和国教育部．普通高中化学课程标准（2017 年版 2020 年修订）［S］．北京：人民教育出版社，2018：76.

的核心素养导向理念①。素养导向课堂教学基本特征如下②：

（一）教学目标：反映学科知识本质和学科思想

教学目标是整个课堂教学的出发点和归宿，对课堂教学起到支配和控制作用。学科知识本质不是知识的累积和知识的辨析，而是在学习过程中通过对知识的理解、领会、感悟、融会实现对知识的新认识。学科思想是指学科所特有的看问题的视角、思考问题的思维方式和解决问题的方法等基本看法或一般性观点。因此，在“学科素养为本”的课堂教学中要体现学科本质，反映学科思想。

（二）教与学的基础：学科核心概念

美国《下一代科学标准（2013）》提出了学科核心概念的选择依据：第一，在多个科学学科或工程学科都非常重要，或者在某单一学科是非常重要的支柱性的原理；第二，为理解和探究更复杂的原理和解决问题提供主要的工具；第三，与学生的兴趣或生活经验相关，或者是要求用科学知识或技术知识解决社会的或个人的问题；第四，在多年级中逐步增加的可教授和可学习的内容。因此，学科核心概念是学科发展的支柱，是解决学科问题的工具，与学生的生活密切相关，并且能随不同学段的发展而逐步加深，是学科课堂教学的根基、柱石。

（三）教学情境：真实的认知情境

教学情境是课堂教学问题的源泉。情境必须是真实的，能激发学生的兴趣，情境要能与所学知识紧密相连，与学生的认知水平相匹配，学生能够在情境中思考问题，完成学习任务，实现对知识的理解。

（四）教学方式：建构式

建构式的教学方式强调的是教师创设教学情境，激发学生的学习兴趣，引导学生通过协作学习、交流讨论等实现对知识的理解和认识，避免了课堂教学沉闷、程序僵化等问题，能加强学生对知识的理解、认识和感悟。

---

① 中华人民共和国教育部．义务教育化学课程标准（2022 年版）［S］．北京：北京师范大学出版社，2022：44.

② 姜显光，郑长龙．“学科素养为本”的课堂教学特征、挑战及策略［J］．教育理论与实践，2017，37（17）：10－12.

（五）学习方式：体验式

体验式的学习方式能够激活学生的思维。学生是体验的主体，通过情境、借助工具对客体进行认识，感知客体反馈的信息，经过加工、整理，形成“概念”认识。因此，体验式的学习方式是培养学生通过亲身经历，总结经验规律，最后形成自己的“概念”的最好方式。当然，这种“概念”可能是对的，也可能是错的。但是无论对还是错，这种过程都是培养学生学科思维品质的必由之路。在教学过程中，建构式的教学方式和体验式的学习方式并不排斥其他的教学方式和学习方式，教师可以根据教学内容的难易和重要程度进行选择，只是这两种方式更能培养学生的学科素养。

（六）评价方式：关注思维方式和思维过程

思维方式和思维过程的考查关注学生认识问题的视角、思考问题的方式和解决问题的能力，这是学科思想的重要体现。因此，在对学生进行评价的时候，必须是基于真实问题，考查出学生的认识视角、认识思路，体现出学生的思维品质。

三、化学教学设计的基本理念①

教学设计的基本理念是对教学设计总的观点和看法，贯穿教学设计全程，发挥着理论指导、方向指引、过程调控、质量审视等功能。

化学教学设计基本理念包括设计理念、主旨理念和实施理念。

（一）设计理念：系统思想

系统思想是现代教学设计的设计理念，强调对教学系统的整体性构思、谋划过程，从整体上对教学加以认识和把握。

从外部来看，教学系统是由教师、学生、教学内容、教学媒体等要素组成的复杂、动态的开放系统。在一定程度上，教学设计取决于设计者挖掘、开发、组织、合理应用教学资源的能力。从内部来看，教学系统由若干子系统或元素构成，子系统的选择、组织要符合学科逻辑、教学逻辑和学生认知逻辑。例如，《普通高中化学课程标准（2017年版）》“教学与评价案例”中“氧化还

---

① 姜显光，刘东方．学科素养导向化学教学设计模式研究：基于《普通高中化学课程标准（2017年版）》教学与评价案例［J］．化学教学，2022（08）：36－41.

原反应”教学设计中包括“宏观现象、微观本质、问题解决”三个子系统。

（二）主旨理念：核心素养、化学学科核心素养

主旨理念既是落实立德树人根本任务，也是化学学科育人功能的集中体现，又是“素养为本”课堂教学设计的灵魂；同时，既是化学教学设计的目标指向，又为化学教学设计提供了一般思路。核心素养和化学学科核心素养都体现了马克思主义认识论思想和科学认识论思想。马克思主义认识论思想强调“实践—理论—再实践”，科学认识论思想包括科学认识的发生、形成、发展和价值。

义务教育学段的主旨理念是核心素养，“科学探究与实践”属于科学认识的发生和形成范畴；“化学观念”“科学思维”是科学认识的发展范畴；“科学态度与责任”是科学认识的价值范畴。高中学段的主旨理念是化学学科核心素养，“科学探究与创新意识”是科学认识的发生和形成范畴；“宏观辨识与微观探析”是认识化学的视角，“变化观念与平衡思想”是认识化学反应的视角，二者都属于化学学科思维方式，“证据推理与模型认知”是化学学科的思维方法，以上三条属于科学认识的发展范畴；“科学态度与社会责任”是科学认识的价值范畴。“核心素养”“化学学科核心素养”既符合人类认识发展的一般过程，又符合人类学习、认识发展的一般规律，如图 5－2 所示。

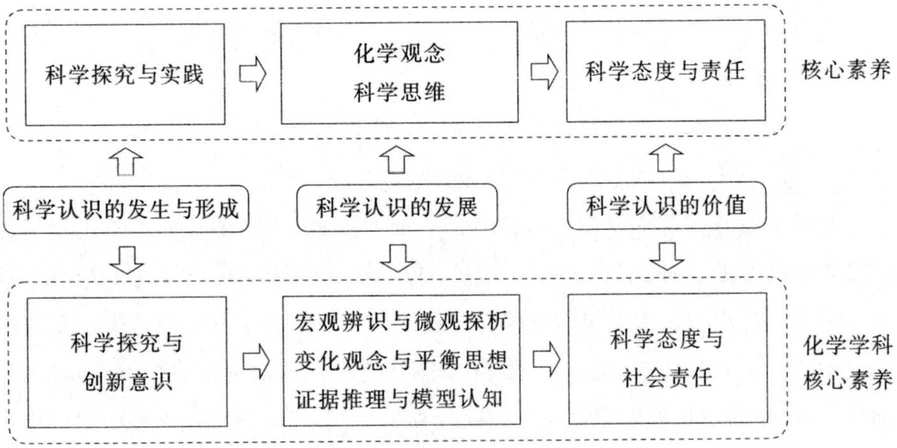

图 5－2　核心素养结构（义务教育阶段）与化学学科核心素养结构（高中阶段）

本书将义务教育阶段的“核心素养”和高中阶段的“化学学科核心素养”笼统地称为“核心素养”，是指个体在其特质和特性基础上，经过后天学习将知识与技能、认知与情感、价值观与自我概念、发展动机与德行融合为一体的复杂心理结构，是个体的潜在特质。①

（三）实施理念：“教—学—评”一体化

积极开展“教—学—评”一体化课堂教学，将促进学生发展的评价渗透于课堂教学实践的每一个环节，使“教”“学”“评”融为一体。重视“教—学—评”一体化，同步实施，形成合力，有效促进化学学科核心素养的形成与发展②，实现课堂教学从掌握知识到发展素养的转变③。更好地发挥日常学习评价的功能，这要求教学目标与评价目标保持一致。

四、化学教学设计层次

化学教学设计具有不同的层次，主要分为课程教学设计、学段教学设计、单元教学设计和课时教学设计。

课程教学设计主要解决课程教学的总体规划；学段教学设计是以课程教学设计为基础，对课程进行阶段性规划；单元教学设计是对教学单元进行局部规划；课时教学设计是以课时为单位设计的化学教学具体方案。

“单元教学设计”中的“单元”是指化学学习单元，指由大概念统领的具有一定特质化素养发展功能的结构化的化学教学内容整体。单元教学设计的开展要求准确凝练和定位单元的特质化素养发展功能，基于整体观制订单元化学教学目标，重视开展大概念教学，重视开展多样化的科学探究与实践活动，注重发展学生的高阶思维能力。课时教学设计是以课时为单位，基于一定的教学目标，通过选择适切的教学资源，构思合理的教学过程。二者的教学过程都要

---

① 普通高中化学课程标准修订组．普通高中化学课程标准（2017 年版）解读［M］．北京：高等教育出版社，2018：75.

② 中华人民共和国教育部．普通高中化学课程标准（2017 年版）［S］．北京：人民教育出版社，2018：75.

③ 中华人民共和国教育部．义务教育化学课程标准（2022 年版）［S］．北京：北京师范大学出版社，2022：44.

充分体现“以学生为中心”的设计思想。

五、呈现脉络

呈现脉络是对化学教学过程设计的整体性、结构化的理解和把握。

从形式上看，教学过程设计主要是基于所选择的教学内容，确立教学重点、设计教学目标和评价目标、构思教学思路和评价思路、规划教学流程、概括说明案例。

从逻辑上看，教学设计脉络体现了教学设计者的逻辑思维，如图 5－3 所示。

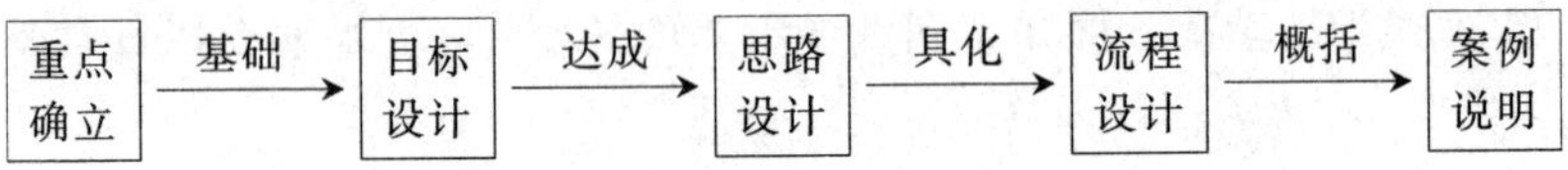

图 5－3　化学教学设计逻辑脉络

从图 5－3 可以看出，在化学教学过程中，必须突出教学重点。因此，基于选定教学内容，确立教学重点是教学目标设计的前提和基础，然而目标的达成不是一蹴而就的，须在符合学科认知逻辑、教学逻辑、学生心理认知逻辑、科学认识发展逻辑基础上逐级分解、递进，这就需要进行教学思路设计。教学思路需要具化为师生的课堂教学行为，要求具有可操作性，故需要进行教学流程设计。案例说明是对教学设计整体进行的概括、描述和说明。

第二节　中观视角教学设计

中观视角认识化学教学设计基于教学呈现脉络，包括教学重点确立、目标设计、思路设计、流程设计和案例说明。

一、教学重点确立

教学重点是一个相对概念，具有基础性、典型性、统摄性和可迁移性等特点。化学教学重点的确立主要基于知识功能，包括学科功能、社会功能和素养功能。

（一）知识的学科功能

知识的学科功能是指知识对于学科体系的确立、发展、认知等所发挥的功能。应该基于知识的学科属性，选择具有典型性、基础性的知识作为教学重点。按化学知识的学科属性划分，化学核心知识分为元素化合物知识、物质结构知识和概念原理知识等。

（二）知识的社会功能

知识的社会功能指知识对社会生产、生活中的实际问题解决，以及解释、说明、预测相关的生产、生活现象等所发挥的功能。

（三）知识的素养功能

知识的素养功能有两方面理解，一方面指知识承载的核心素养（义务教育阶段）和化学学科核心素养（高中阶段）的培养功能，体现学科特质，反映学科思想，映射学科思维方式和方法，内化科学态度与责任担当；另一方面指通过知识的认识视角、认识思路的抽提、建构，将有助于其他知识学习，甚至为终身学习奠定基础。

例如，“氧化还原反应”是认识“一类”化学反应的重要的概念原理知识（基础性、典型性）；承载着培育“宏观辨识与微观探析”“证据推理与模型认知”“科学态度与社会责任”等化学学科核心素养的功能（基础性、典型性）；是基于元素价态视角学习元素化合物的性质、深入理解某些化学反应本质的重要基础（统摄性、可迁移性）；可用于解释、说明、预测生产和生活中食物腐败、金属腐蚀等与氧化剂、还原剂相关的现象或问题（可迁移性）。

因此，“氧化还原反应”的教学重点是：“基于元素价态视角”认识化学反应，基于“电子得失”视角识别氧化剂和还原剂。

二、目标设计

“教—学—评”一体化实施理念指导下的化学课堂教学，既要求设计教学目标，又要求设计评价目标，而且两个目标要保持高度一致。

（一）化学教学目标

教学目标是课堂教学的出发点和归宿，应充分体现课程基本理念，引领、审视、调控教学设计和教学实施全过程。

1. 化学教学目标的确立依据

化学教学目标是教师对学生进行知识学习后的发展期望。化学教学目标的确立应基于如下思考：

化学课程目标。化学课程目标是化学课程基本理念的具化。主要以“核心素养”“化学学科核心素养”为依据。“核心素养”是义务教育阶段化学课程教学的主旨理念，“化学学科核心素养”是高中阶段化学课程教学的主旨理念，这也是基础教育阶段化学学科育人价值的集中体现。中学化学课程目标不仅要求“知道什么”，更要求“能做什么”，教学目标的基本指导思想可以概括为在学习活动中建构知识，并赋予知识学科功能，将知识转化成素养，培育学生的问题解决能力。这里的问题是指新知识学习问题和社会生产生活中的实际问题。

知识的“位置”定位。“位置”定位包括知识的学段定位和学生的年级定位。知识的学段定位，根据课程标准中的课程内容及教材中知识内容的编写方式，知识学习总体呈现螺旋递进式发展，因此基于知识所处的学段可以确定学生学习知识的深度。而且“化学学科核心素养”也呈现进阶式发展，必修课程要求达到水平 1 和水平 2，选择性必修课程要求达到水平 3 和水平 4。学生的年级定位，不同年级的学生的认知能力、心理特征都是不同的；另外，学生的经验、知识也随着年级的变化而发展。学生的认知、心理特征和已知的知识是教学目标确立的起点。

2. 化学教学目标的设计原则

整体性原则。化学教学目标强调“核心素养”“化学学科核心素养”的整体性，包括学段发展一致性和课堂教学过程中素养发展的全面性。

科学性原则。化学教学目标的设计要基于不同学段、不同年级、不同类别的学习主题制定个性化的教学目标。

操作性原则。化学教学目标要基于化学课程标准、学习内容和学生特点具体化、有针对性。课时教学目标不宜过多，否则难以落实。

可测性原则。化学教学目标要充分发挥其评价功能，这就要求其具有可测性。

渐进性原则。化学教学目标可以按照一定的逻辑顺序分解成若干个组成部分，在教学过程中逐步落实。

3. 化学教学目标的设计

化学教学目标设计包括如何表述、怎么达成、发展什么。

化学教学目标“策略化”。化学教学目标的表述形式应与化学教学策略一般表述形式一致。化学教学策略一般表述为：利用……素材（手段），通过……活动，发展……素养功能。[①] 在化学教学目标的实际表述中，“素材”要素被省略了，一般表述为：通过……活动，发展……素养功能。在教学目标达成度上要充分考虑学生所处的学段，与化学学科核心素养的进阶水平相对应。

化学教学目标“活动化”。体验式学习是“素养为本”课堂教学的基本特征之一，学习活动是科学认识发生、形成、发展的主要场域，是学生建构知识、提升技能、发展素养的主要形式。教师要根据不同属性的学科知识选择不同的学习活动，学生在活动中经历、体验、感受，建构核心概念、培养问题解决能力、发展核心素养。促进化学教学目标达成的学习活动通常包括化学实验探究活动、交流讨论活动、科学认识活动、社会实践活动等。

化学教学目标“素养化”。“核心素养”“化学学科核心素养”分别是义务教育阶段和高中阶段化学课程的主旨理念，课程目标也是课程主旨理念的具化，因此“发展素养”是中学化学教学的总目标。义务教育阶段强调从化学学科（化学观念）、科学领域（科学探究与实践、科学思维）、跨学科领域（科学态度与责任）三个层次培育“素养”。高中阶段强调从化学学科实践（科学探究与创新意识）、学科思维方式（宏观辨识与微观探析、变化观念与平衡思想）、学科思维方法（证据推理与模型认知）、学科价值（科学态度与社会责任）等培育化学学科核心素养。

例如，《普通高中化学课程标准（2017 年版）》中的“氧化还原反应”案例，设计的“教学目标”为：通过实验探究日常生活中存在的氧化还原现象。通过对氧化还原反应本质的认识过程，初步建立氧化还原反应认识模型。通过设计汽车尾气综合治理方案的活动，感受氧化还原反应的价值，初步形成绿色应用的意识，增强社会责任感。

（二）化学课堂学习表现评价目标

1. 确立依据

评价是主体对客体做出的价值判断。评价主体是主观的，评价客体是客观的，主观评价应该能够客观地反映客体，故评价需要有理有据，既有理论支

---

① 普通高中化学课程标准修订组．普通高中化学课程标准（2017 年版）解读［M］．北京：高等教育出版社，2018：192.

撑，又有实践证据。①

理论依据：化学教学目标是化学课堂学习表现评价目标的直接依据，其上位理论依据是化学课程目标和基本理念，即“核心素养”（义务教育阶段）和“化学学科核心素养”（高中阶段）。“核心素养”和“化学学科核心素养”既符合马克思主义哲学认识论过程（实践—认识—再实践），又符合科学认识论思想。两者都强调基于学科实践活动学习化学，培育思维方式方法，获得解决问题的能力。

实践依据：在课堂上，学生在学习活动中秉持的理念、思想、方法等都具有内隐特征，这给科学、客观的评价造成了极大的困难。让具有内隐特征的理念、思想、方法外显，需要通过学生的交流、讨论、分析、判断、点评等活动表现出来，所以学生在课堂学习活动中的表现是化学课堂学习表现评价的实践依据。

2. 化学课堂学习表现评价目标的设计

化学课堂学习表现评价目标设计包括如何表述、评什么、发展什么。

评价目标的表述“临床化”。“临床”虽然是医学术语，但是适切地反映了课堂教学评价的基本特征，即通过活动中的“症状”表现，及时“诊断”，提出“诊疗”（发展）方案。“诊断和发展”说明课堂教学评价对教师提出了更高的要求，即及时、准确地进行“诊断”，并提出“发展”方向、思路。

评价目标的达成“思维化”。学习活动是动态、持续的过程，因此活动表现也是动态的和持续的。通过考查学生对活动过程的认知、分析、讨论和点评，考查其思维方式、方法的发展水平，如实验探究物质性质可能是经验水平或概念原理水平，也可能是孤立水平或系统水平、定性水平或定量水平。

评价目标的功能“进阶化”。学习过程是对知识的理解、认识不断精致化的过程，是逐渐接近知识本质呈现进阶式发展的过程。如对氧化还原本质的认识依次是物质水平、元素水平、微粒水平。认识视角可从单一视角发展到综合视角；对化学价值的认识可能仅基于学科价值视角或社会价值视角，也可能是学科价值与社会价值相结合的视角。

① 姜显光．学科素养导向化学课堂学习表现评价任务设计：基于《普通高中化学课程标准（2017 年版）》教学与评价案例［J］．中小学教学研究，2022，33（04）：87－90.

三、化学教学思路设计

化学教学思路是指化学课堂教学环节。教学和评价目标是教师对学生学习后的表现期望，而目标达成不是一蹴而就的，需要一套系统的实施方案。教学思路是实施方案的纲领，是教学流程设计的理论框架，是教学和评价目标达成的具体化。思路设计要符合教学规律，体现学科特质，反映学科思想。教学思路包括逻辑思路与功能思路。

（一）化学教学的逻辑思路

逻辑思路是指教学思路整体的内在联系，包括思路呈现、思路衔接两方面。

思路呈现“板块化”。课堂教学板块理论认为课堂教学系统由若干个单元系统组成，对教学内容进行结构化处理后，以板块形式呈现，一节课由若干个板块构成。① 例如，“氧化还原反应”这节课由“宏观现象”“微观本质”“问题解决”三个板块构成。

思路衔接“关联化”。为了共同达成教学目标，所选择的板块之间要相互关联，可能是并列关系、递进关系等，最终目标是有利于知识学习、理解、结构。例如，“氧化还原反应”课例中的三个板块间是递进关系。

（二）化学教学的功能思路

功能思路是指教学思路中的某一板块的价值。功能思路的制定基于化学学科知识属性，主要包含如下内容：

知识的认识视角。例如，《义务教育化学课程标准（2022 年版）》中的“物质成分的探究”教学案例中的“教学思路”如图 5 - 4 所示。

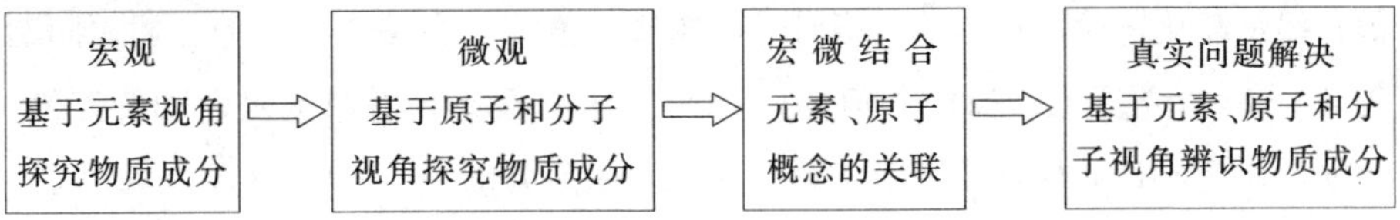

图 5 - 4　“物质成分的探究”教学思路

① 郑长龙，孙佳林．“素养为本”的化学课堂教学的设计与实施［J］．课程·教材·教法，2018，38（04）：71 - 78.

学习任务和评价任务。例如，《普通高中化学课程标准（2017 年版）》中的“氯及其化合物”教学案例中的“教学思路”如图 5－5 所示。

Ⅰ(课前) 在线学习和交流	Ⅱ(课中) 研讨改进和实施	Ⅲ(课中) 概括反思和提练	Ⅳ(课后) 问题解决与展示
预测、设计实验方案	汇报、改进和实施实验方案	讨论、汇报对含氯物质转化关系的梳理情况	实际问题解决方案设计和交流，在线展示改进后的方案并相互评价
诊断实验探究物质性质和认识物质的水平	发展实验探究物质性质的水平	发展对物质及其转化的认识思路水平	发展问题解决能力和化学价值的认识水平

图 5－5　“氯及其化合物”教学思路

四、化学教学流程设计

（一）化学学习任务

“素养为本”课堂教学强调以学生为中心，充分体现学生的教学主体地位，使其在学习活动中经历、体验、感受、建构，因此教学任务指学生的学习任务。围绕教学目标达成可以有多个学习任务，每一个学习任务都是为完成教学目标而采取的一系列学习活动的总和。

化学学习任务的表述方法一：任务表述“动宾化”。学习任务要围绕教学目标，主语是学生，但一般可省略主语，直接用“动宾短语”形式表述。例如，揭示氧化还原反应本质；设计、实施实验方案。方法二：任务表述“问题化”。将有研究价值、探讨价值的问题作为学习任务，引领学习活动的开展。例如，化学家是如何基于“元素说”探究物质成分的？

化学学习任务的设计“路径化”。设计学习任务的目的是完成教学目标，发展核心素养，学生须在学习活动中经历、体验、感受、建构才能完成，因此学习任务设计须将任务转化成一系列教的活动和学的活动，以“路径”形式呈现出来，体现活动的顺序和衔接，并标注设计意图。

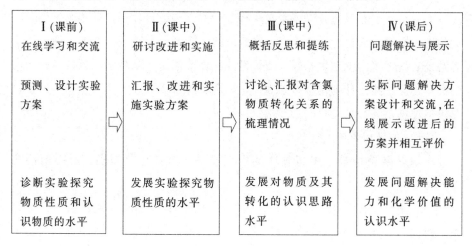

例如，《普通高中化学课程标准（2017 年版）》中的“氧化还原反应”教

学案例中的“学习任务 2”，如图 5 - 6 所示：

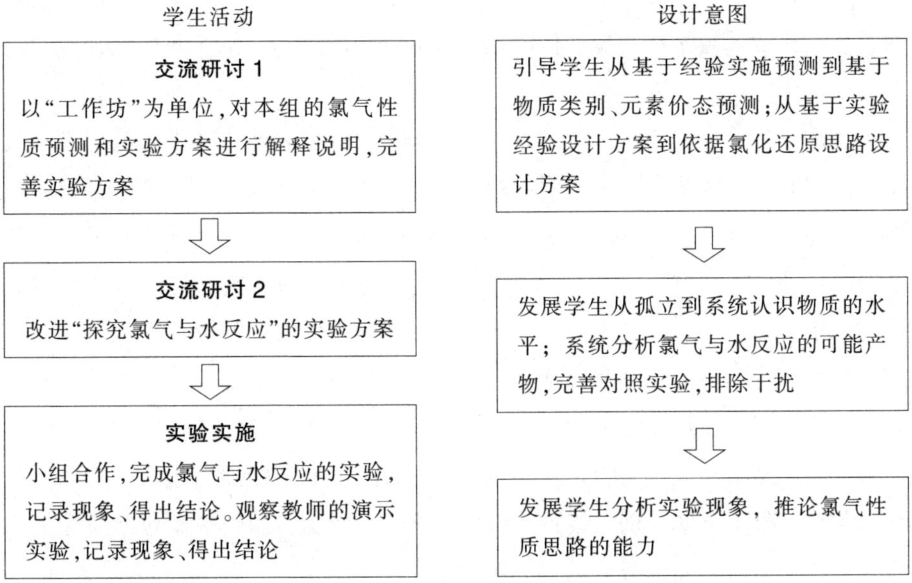

学生活动
设计意图
交流研讨 1
以“工作坊”为单位，对本组的氯气性质预测和实验方案进行解释说明，完善实验方案
引导学生从基于经验实施预测到基于物质类别、元素价态预测；从基于实验经验设计方案到依据氯化还原思路设计方案
交流研讨 2
改进“探究氯气与水反应”的实验方案
发展学生从孤立到系统认识物质的水平；系统分析氯气与水反应的可能产物，完善对照实验，排除干扰
实验实施
小组合作，完成氯气与水反应的实验，记录现象、得出结论。观察教师的演示实验，记录现象、得出结论
发展学生分析实验现象，推论氯气性质思路的能力

图 5 - 6　“氯及其化合物”中学习任务 2 教学流程图

从外部来看，学习活动包括教师教的活动和学生学的活动。例如，教的活动包括“展示”“提问”“总结”等；学的活动包括“探究”“讨论”“交流”“汇报”等。从内部来看，学习活动通过学习情境引发活动，问题引领活动展开，运用学科知识、学科思想和方法、学科思维方式解决问题，发展核心素养。

（二）化学教学评价任务

对于“教—学—评”一体化实施理念下的课堂教学，教师需要基于教学内容确定评价任务，即根据教学内容和设计的学习活动进行水平划分，明确学生的发展进阶。

1. 化学教学评价的着力点①

学科活动是学科核心素养形成的主要路径。杜威提出真正的知识应该是主体与客体对象相互作用过程，主体与经验材料紧密联系在一起的结果。体验式学习方式是学科素养导向课堂教学的基本特征之一。在实践活动中经历、体

① 姜显光．学科素养导向化学课堂学习表现评价任务设计：基于《普通高中化学课程标准（2017 年版）》教学与评价案例［J］．中小学教学研究，2022，33（04）：87 - 90.

验、感受是学生获得知识、提升能力、发展素养的重要途径。故这里所用的学科活动是一种学习活动，最终将指向学科教育价值实现，而不是学科问题解决。基于化学课堂学习表现评价的理论依据，学习活动包括实验探究活动、科学认识活动、社会实践活动。

化学学科核心素养是在学习活动中培养的，也必将在化学学习活动中表现出来，因此必须赋予学习活动素养功能，并关注学习活动的两个基本要素：内容要素和方法要素。内容要素关注活动本身，即“做什么”；方法要素关注学生思维，即“怎么做”。基于化学课堂学习表现评价的实践依据，方法要素是化学课堂学习表现评价的重点，是检验、促进学生发展的关键。

实验探究活动。化学是以实验为基础的自然学科，这充分说明实验探究在化学知识学习、建构过程中的重要价值。实验及探究能力内涵包括基本知识、基本技能、基本经验。实验探究活动有助于培养学生的问题意识、安全意识、环保意识、科学态度、创新精神、绿色化学观念。实验探究活动包括实验类活动、调查类活动和交流类活动等。实验探究活动重点关注实验方案设计理念、思想。例如，实验方案设计理念可分为基于经验水平、基于概念原理水平、基于系统设计水平；验证性实验设计可分为基于定性水平、基于定量水平。

科学认识活动。科学认识活动是指从学科逻辑视角促进学科概念学习、理解、建构的活动。以化学学科理解为基础，即基于化学学科视角对学科知识及其思维方式、方法进行本原性、结构化认识，抽提学科知识的认识视角、认识思路，赋予学科知识功能。在学科理解基础上，界定出符合学科逻辑、教学逻辑、学生认知发展逻辑的学科概念的学习进阶。科学认识活动包括收集资料和事实、整理资料和实施、得出规律和结论三个阶段。科学认识活动重点关注认识视角和认识思路结构化。例如，元素化合物知识可分为物质类别、元素价态、动态转化关系等视角；物质结构知识可分为宏观视角、微观视角、宏微结合视角。

社会实践活动。社会实践活动是指参与生产、生活中的真实事件或案例中问题解决的活动。课程目标是以化学学科核心素养为基础，界定学生通过学习“能做什么”，因此社会实践活动主要发展学生的问题解决能力，即应用化学知识解决真实社会问题的能力，培育科学态度与社会责任。社会实践活动包括实践活动和认识活动。社会实践活动重点关注问题解决理念和化学知识价值认识视角。例如，问题解决方案可基于安全、健康、环境、经济成本、操作便利等多角度来研判，故学生表现可划分为孤立水平、系统水平。化学知识价值认识可划分为学科视角、社会视角、学科和社会综合视角。

2. 化学教学评价任务的设计

任务表述“动宾化”。评价任务要围绕学生的学习效果与教学目标和评价目标的一致性。主语是教师，但一般可省略主语，直接用“动宾短语”形式表述，动词主要有“诊断”“发展”“诊断并发展”，宾语主要体现学生的发展水平、认识视角水平、认识思路水平、解决问题视角、认识化学价值水平等。

五、案例说明

所谓案例说明是对教学设计的概括、描述。主要包括选题价值和设计亮点。

（一）选题价值

选题价值是对课题价值、教育功能的说明，主要包括素养价值、学科价值、社会价值。素养价值是指本课题所承载的核心素养或学科核心素养，为学生认知发展和未来发展奠定了什么基础。学科价值是指基于学科知识的学科属性，为其他知识的学习提供了哪些借鉴性的认识视角、认识思路和思考问题的方法，体现学科思想及学科功能。社会价值是指学科知识对推动社会发展进步、促进社会可持续发展、社会性科学议题的解决所提供的理论指导或实践支撑。

（二）设计亮点

设计亮点是设计者设计理念、设计思想的集中体现。主要从目标设计、思路设计、流程设计、任务设计等方面进行概括性阐述。

第三节　微观视角教学设计

微观视角设计是指对化学学习活动的设计。学科活动是学科核心素养形成的主要路径。[①] 学习活动设计包括静态学习活动设计和动态学习活动设计。[②]

---

① 余文森．核心素养导向的课堂教学［M］．上海：上海教育出版社，2017：72.

② 姜显光，刘东方．学科素养导向化学教学设计模式研究：基于《普通高中化学课程标准（2017年版）》教学与评价案例［J］．化学教学，2022（08）：36－41.

一、静态学习活动设计

静态学习活动设计包括学习活动流程设计和学习活动内容设计。

（一）学习活动流程设计

活动流程是指为完成一定任务、达成预期目标而进行的一系列过程谋划，突出宏观规划、设计。学习活动流程是为完成学习任务，促进核心素养发展而进行的宏观谋划，包括学习活动环节和学习活动形式。学习活动环节是指为完成课时学习任务而设计的系列任务，学习活动环节要求围绕课堂教学主题设立，突出中心，语言简洁，活动环节间相互关联、逐层递进。例如，“氧化还原反应”教学案例设计的活动流程包括“宏观现象”“微观探析”“问题解决”。活动形式是活动组织形式的简称，指为高效地完成教学任务而设计的学生组织单位。例如，学生个体、学习小组、工作坊等。

（二）学习活动内容设计

学习活动内容是指在学习活动流程中具体需要完成的任务。包括学习活动素材选取、学习活动路径设计。学习活动素材是指为完成学习任务，教师结合教学内容需要而选择的各种教学资源、材料。例如，社会生产、生活中的实际案例、图片、视频、实物模型等。学习活动路径是指完成活动流程的某一任务的具体实施步骤。例如，“氯及其化合物”教学案例中“学习任务1”的活动路径为：在线观看视频—在线完成任务—在线“工作坊”研讨。

静态学习活动设计是“文本”规划。在学习活动现场，如何引发学习活动？如何引领学习活动持续进行下去？这需要进行动态学习活动设计。

二、动态学习活动设计

动态学习活动设计包括学习活动情境设计和学习活动问题设计。

（一）学习活动情境设计

情境是学习知识的载体，是情感、问题、兴趣激发的重要平台。真实的、贴近学生生活的、贴近社会发展的情境能够自然引发学习活动。学习活动情境包括建构性学习情境和迁移性学习情境。建构情境是建构性学习情境的简称，建构情境的主要功能是帮助学生建构化学学科的核心概念和基本观念。例如，在“氯及其化合物”教学案例中，基于自然界中的氯、生活中的氯和环境中的氯的转化路径，从动态转化视角对真实情境中的元素转化关系进行分析。迁移情境是迁移性学习情境的简称，迁移情境的主要功能是帮助学生学以致用，运用所建构的化学核心概念和学科基本观念解决实际问题，注重发挥真实的STSE问题解决功能。例如，汽车尾气处理、酸雨等问题。“激思”“激疑”“激趣”是化学学习情境的基本功能，注重引发学生认知冲突，促使学生产生各种化学问题。

（二）学习活动问题设计

问题解决，即“能做什么”，是化学学习的目标指向。活动问题针对学习任务而设置，是学习活动开展的方向引领，对学习活动持续、顺利地开展起到调控、监督作用。活动问题包括探究问题和应用问题。探究问题是为认识事物本原而提出的疑问。主要解决“是什么”“为什么”的问题。例如，“氧化还原反应”教学案例中“学习任务1”提出的问题：“包装袋中有什么物质?”“这种物质有什么作用?”这些基于生活实例提出的问题能激发学生的兴趣，使其迫切地想一探究竟。应用问题是针对知识的价值和使用时的注意事项而提出的疑问。主要解决“如何”的问题。例如“如何将汽车尾气中的有害物质转化为无害物质?”“如何对汽车尾气做绿色无害化处理?”

【案例】促进“物质的量”概念本质理解的教学设计①

1. 教学目标

（1）通过阅读化学史实资料，了解科学家在认识微观过程中遭遇的困境，感受科学发展进步的曲折与艰辛。

（2）通过阅读分子、摩尔、阿伏伽德罗常数、物质的量等概念的相关化学史实，建构化学宏观与化学微观间的关联，形成严谨求实的科学态度，勇于追求真理的科学精神。

（3）通过宏观质量与微观粒子质量间的关系计算，建构物质的量作为宏观质量与微观粒子数之间的定量桥梁功能。

---

① 姜显光，王明月．促进“物质的量”概念本质理解的教学设计研究［J］．化学教学，2023，9：51－56.

2. 教学环节设计

活动流程	活动素材	活动路径	活动情境	活动环节
(一) 遭遇困境	化学史实资料	阅读—讨论—汇报—交流	1. 原子—分子之争 2. 盖吕萨克定律	困境1:化学物质是由什么构成的? 困境2:如何在宏观与微观之间建立定量关联?
(二) 突破困境	化学史实资料	阅读—讨论—汇报—交流	1. 康尼查罗观点 2. 摩尔、阿伏伽德罗常数的提出	突破1:探寻宏观与微观的对接物质——分子 突破2:探寻宏观与微观的对接概念——阿伏伽德罗常数、物质的量
(三) 解决问题	化学反应实例	计算—观察—讨论—汇报—交流	C与O_2反应过程质量、物质的量、微粒数间关系的数据	解决1:质量与阿伏伽德罗常数的关联——摩尔质量 解决2:宏观与微观定量桥梁——物质的量

图 5－7　教学环节示意图

环节一：遭遇困境

宏观辨识与微观探析是化学学科核心素养之一，宏观、微观是认识化学的视角。明确科学家在试图将宏观和微观建立关联时遇到的困境是理解知识本质的基础前提。

(1) 困境 1：化学物质是由什么构成的?

问题 1：化学物质构成问题曾经困扰了科学家多年，请阅读学习资料 1，看科学家遇到了什么问题?

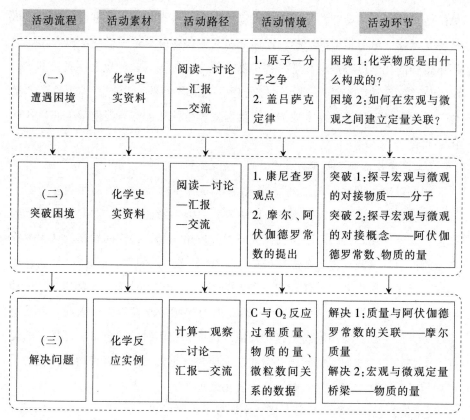

学习资料 1：1803 年，英国科学家道尔顿提出化学意义上的原子概念，认为原子是构成物质的基本粒子。1811 年，意大利物理学家阿伏伽德罗提出分子假说，认为分子是构成物质的基本粒子，并且推导出了一些元素原子量和化合物分子式。这导致在后面半个世纪的时间里，科学家一方面都运用原子理论解决问题，而另一方面又不信任它，甚至怀疑原子本身的存在。另外，分子假说由于与“电化二元论”相矛盾而未获承认。

问题2：道尔顿的原子论、阿伏伽德罗的分子论是否解决了科学家长期关心的化学物质构成问题？原因是什么？

设计意图：学习资料1通过了解化学物质构成的历史争论，激发学生对化学微观认识的兴趣。启发学生解决化学微观世界的构成层次问题，能够有效地解决宏观物质与微观粒子间的对接问题。问题1引导学生进行资料阅读，体会对化学微观认识不足导致在解决实际问题时遇到的困难；问题2引领学生对学习资料1的内容进行深层理解，明确原子论和分子假说在研究物质构成问题时是存在缺陷的，由于化学微观世界构成层次不清晰，给科学家带来了困惑，因此在将化学宏观和微观建立关联时找不到“对接物质”。培养学生阅读能力、分析能力。

（2）困境2：如何在宏观与微观之间建立定量关联？

问题3：科学家在将宏观与微观建立关联的研究中实验起到了至关重要的作用，请阅读学习资料2，科学家发现了什么规律？

学习资料2：1805年，法国物理学家盖·吕萨克发现将氢气和氧气的混合气体通过电火花点燃后生成水，100体积的氧气总是和200体积的氢气相化合。随后，盖·吕萨克进一步研究了其他气体物质的相互反应，也存在这一反应规律。

问题4：盖·吕萨克发现的比例关系与化学方程式中的哪些数值存在对应关系？

问题5：这与初中用质量进行化学反应计算存在着怎样的关联？

设计意图：学习资料2通过盖·吕萨克发现的实验规律，启发学生在实验规律、化学计量系数、质量之间建立对应关系。问题3引导学生阅读学习资料2，提示学生阅读资料的关注点应该是什么；问题4引领学生思考，将资料中的信息与已学知识建立关联，基于微观粒子数视角认识化学反应物质间的对应关系；问题5进一步引领学生思考，分子个数比与分子质量比之间的关系，为后面突破困境做铺垫。培养学生发现规律和新旧知识关联的能力。

环节二：突破困境

（1）突破1：探寻宏观与微观的对接物质——分子

问题1：从尺度视角看，宏观物质摸得着、看得见，微观物质摸不着、看不见。道尔顿和阿伏伽德罗分别提出原子、分子是构成化学物质的基本粒子，那么宏观与微观的对接物质到底是原子还是分子呢？即哪个微观粒子能够反映宏观物质的性质？请阅读学习资料3。

学习资料3：阿伏伽德罗分子假说在很长一段时间内未受到化学界和物理学界的重视。化学家们混淆使用当量、原子量和分子量等概念，而且化学式的表达也处于混乱状态。1860年，在德国卡尔斯鲁厄举行了第一次化学家国际会议，意大利科学家康尼查罗通过印刷小册子的形式，指出测定原子量时，可以取氢分子的一半重量为一个单位，或规定氢分子的密度为2，这样所有的分子量都可以用某一单位重量来表示。并进一步提出近来化学之进步，已经证实等体积的气体中无论是单质还是化合物，都含有相同数目的分子，但不一定含有相同数目的原子。科学家迈尔看到小册子后兴奋地说："眼前的阴翳消失了，怀疑没有了，使我有一种安定的明确的感觉。"

问题2：迈尔为什么有了安定的明确的感觉？

设计意图：学习资料3通过康尼查罗思想的重现，启发学生明确分子和原子之间的关系，确定分子是保持物质化学性质的基本粒子，为建立宏微关联找到对接物质。问题1是在困境1的基础上提出的，引导学生阅读学习资料3，找出宏观和微观的对接物质；问题2是借助迈尔的感慨，进一步思考、明确原子和分子之间的区别与联系。培养学生的阅读能力、关键证据提取能力。

（2）突破2：探寻宏观与微观的对接概念——阿伏伽德罗常数、物质的量

问题3：分子是保持物质化学性质的微观粒子。宏观上，可以用"质量""体积"等概念对物质的数量进行描述；微观上，分子的质量、体积很小，而且数目庞大，如何利用质量、体积间接计算微观粒子数目呢？请阅读学习资料4。

学习资料4：1811年，阿伏伽德罗发表论文提出"对于相等体积的任何气体，其中所含的分子数目是相等的，或者总是与它的体积成比例的"。1865年，奥地利物理学家洛喜密脱根据分子运动论测得标准状态时1m^3任何气体都含有2.6876×10^{25}个分子，这为分子假说从定量角度提供了支持。1900年，奥斯瓦尔德提出"摩尔"概念，在正常情况下，22414ml任何气体分子数量为1摩尔。1908—1909年，法国物理学家佩兰通过实验证实了分子的存在，并测得这个数值为7.5×10^{23}，于1908年将1克分子量（在19世纪上半叶，克分子量、克原

子量等概念都用来表达物质质量）体积中的分子数规定为1阿伏伽德罗常数（为纪念分子假说的提出者——阿伏伽德罗），1981年舍夫利德等人在对X射线做了改进之后测定出其近似值为6.02×10^{23}，用符号N_A表示，单位是mol^{-1}。

问题4：通过阅读学习资料5，请同学分析“物质的量”概念的提出价值是什么？

学习资料5：1961年，国际纯粹和应用物理联合会（International Union of Pure and Applied Physics）确认用“物质的量”表示一个不同于“质量”的新物理量，单位是摩尔。1965年，国际纯粹和应用化学联合会（International Union of Pure and Applied Chemistry）接受了这一概念。1971年，第14届国际计量大会确认“物质的量”作为国际单位制中的一个基本物理量，单位是摩尔。

设计意图：学习资料4为明确摩尔、阿伏伽德罗常数两个概念的物理意义是表征“微观粒子集合体”，学习资料5为确定“物质的量”“质量”均是表征物质宏观数量的概念。问题3引导学生建立“微观粒子集合体”概念及其之间的转换关系，即阿伏伽德罗常数（N_A）与微观粒子数（N）之间的关联。问题4引领学生认识到“物质的量”是一个有别于“质量”来表征物质宏观数量的概念，促进对概念本质的理解，感受科学家追求真理的科学精神和严谨求实的科学态度。

环节三：解决问题

（1）解决1：质量与阿伏伽德罗常数的关联——摩尔质量

问题1：宏观上定量描述物质通常用质量、浓度、体积等物理量。质量与微观粒子数之间是什么关系呢？

例：1 mol CO_2中含有的阿伏伽德罗常数，约为$6.02\times10^{23}\,mol^{-1}$，每个$CO_2$分子的质量约为$7.31\times10^{-23}$g，计算1 mol CO_2的质量。

设计意图：例题是为引入“摩尔质量”概念。通过例题计算，学生可以得出1 mol CO_2分子的质量与其相对分子质量在数值上相等，解决阿伏伽德罗常数与物质的质量之间建立定量关联的问题。培养学生计算能力和知识关联能力。

（2）解决2：宏观质量与微观粒子数的定量桥梁——物质的量

问题2：观察表5－1中的数据，质量、物质的量、微粒间是什么对应关系？

C与O_2反应生成CO_2，质量、物质的量、微粒个数对应关系如表5－1所示。

表5－1 $C+O_2=CO_2$ 反应中各物质间的关系

视 角	物理量	C	O_2	CO_2
宏 观	质 量/g	12	32	44
宏 观	物质的量/mol	1mol	1mol	1mol
微 观	微粒个数/mol^{-1}	6.02×10^{23}	6.02×10^{23}	6.02×10^{23}

设计意图：表5－1呈现了物质宏观质量、物质的量及微粒个数之间的对应关系。问题2引导学生发现表1中数据的规律，并进行宏观与微观间的计算转换，逐步感受物质的量的桥梁功能，培养阅读数据获得证据进行推理、关联的能力。

思考题：

1. 宏观视角化学教学设计包括哪些内容？核心素养导向的化学教学设计理念是什么？

2. 中观视角化学教学设计包括哪些内容？基于什么确立教学重点？如何设计核心素养导向的化学教学目标？

3. 选择某一化学教学内容，从微观视角进行化学学习活动设计。

第六章　化学课堂教学实施

教学实施技能是顺利完成某种教学任务的活动方式。教学实施技能是以有关的认识为基础的行为准则，经过熟练、概括化、内化、个性化和心理化之后，可以转化为相应的教学能力。

第一节　化学课堂教学实施的一般技能

一、化学教学导入新课技能

“导入”是指在新的教学内容或活动开始之前，教师引导学生进入学习活动的方式。“导入”是课堂教学的起始环节，不仅可以创设教学情境为下一阶段的教学创造学习氛围，而且可使学生聚精会神地参与，使教学收到事半功倍的效果。设计好一节课的导入是教师应掌握的基本技能之一。

（一）导入新课的基本原则

针对性。导入要针对教学内容而设计，应建立在充分考虑与所教授内容的内在联系的基础上，而不能游离于教学内容之外；导入要针对学生的年龄特点、心理状态、爱好兴趣的差异程度等设计；导入所涉及的内容既要与学生个人已有的经验相联系，又要有一定的认知矛盾，使之产生迫切了解新知识的心情。总之，具有针对性的导入才能满足学生的听课需要。

趣味性。导入要有趣，要做到妙不可言、引人入胜、回味无穷。要使学生在乐中学，在学中乐，以最佳的状态投入到学习活动中去。

启发性。启发性是指导入能给学生留下适当的想象空间，激发学习动机，启迪智慧，使学生真正走入“由现象到本质”这条理科学习思维线。

新颖性。设计新颖、富有趣味性的导入能够吸引学生的注意指向，导入所用的材料与所学知识间形成的认知差越大，就越能留下疑窦，越能吸引学生，使学生处于较好的状态。

简洁性。简洁性是指导入要做到过程紧凑、层次清楚、言简意赅，力争以最少的时间取得最好的教学效果。一般情况下，时间控制在1～5分钟。

（二）导入新课的功能

著名教育家叶圣陶认为教育不仅要教，而且要导。好的导入如同桥梁，联系着教师与学生；如同序幕，预示着后面的高潮与结局；如同路标，引导着学生的思维方向。

集中注意力。巧妙地导入新课可以起到先声夺人的效果，牢牢吸引学生的注意力，使学生兴趣盎然，在上课伊始就能很快地进入学习状态，打开学生的思维之门。

激发学习兴趣。新颖地导入新课能激发学生的求知欲，使其产生强烈的学习兴趣，这种兴趣是最好的学习驱动力，为整个教学过程创造良好的开端。

启迪思维。富有创意的导入方式，能使学生积极思考，点燃学生的思维火花，使学生思维迅速定向，开始探索新知识，从而培养学生的思维能力。

明确学习目标。成功的导入能迅速创造一种融洽的教学氛围，把学生带进一个与教学任务和教学内容相适应的理想境界，使学生明确学习目的，自觉地控制和调节自己的学习活动，完成学习任务。

（三）导入新课的方法

1. 直接导入法。直接导入法是用简练的语言开门见山，点明课题，指明学习该课题的目的和意义、各个重要部分的内容及教学程序，使学生认识到学习该课的重要性，激发学习的积极性。直接导入法一般不以提问、讲评、活动或教具等过渡。教师简洁、明快的讲述或设问是直接导入成功的关键。直接导课的过程是酝酿思维的过程，不是一上课就直接讲新知识。该法常见于内容较多的教学实践。如果经常使用直接法导入，会使学生感到枯燥乏味，求知欲不易得到激发，思维难以“上路”。

2. 以旧引新导入法。以旧引新导入法是教师在教学中常用的一种导入方法。它要求教师在导入时，基于新旧知识之间的逻辑联系，找出新旧知识之间的结合点，利用旧知识搭桥过渡，引出新知识。通常以复习、提问、做习题等教学活动开始。这种导入方式能降低学生学习新知识的难度，在学习之始就引导学生积极参与学习过程，充分体现教师的引导作用和学生的主体地位原则，一般理科教师常用此方法。

3. 情境导入法。所谓情境导入就是在教学中，教师利用语言、音乐、绘画、电化教学等手段，创设生动活泼的情境，使学生为之所动、为之所感，产生共鸣，为新课的展开创造良好的条件。导课时的情境创设要巧妙精当，真切感人，能够触及学生的内心深处。

4. 社会事件导入法。用生活中熟悉的社会事件来导入新课，使学生产生一种亲切感，同时也看到化学知识的社会价值；还可通过介绍刚发生的新颖、醒目的事件，来为学生创设引人入胜、新奇不解的学习情境。这种导入法适用于与生活有密切联系的知识的教学。

5. 悬念激趣法。悬念即暂时悬而未决的问题。在教学中，教师利用悬念，能够使那些学起来枯燥，教起来干瘪的内容具有神秘感，从而激发学生的兴趣，使学生形成渴望的心理状态，启发他们积极思考，进而提高教学效率。设置悬念要注意两点：一是问题要鲜明、具体，矛盾突出、尖锐；二是问题要具有代表性、启发性，要有适当的难度，以激起兴趣，启迪思维。常见的问题是导入时提出的悬念，在结束课时没有被重提，没有形成首尾呼应的效果。另外还有悬念设置与教学内容脱节或太抽象，缺乏形象感。

6. 趣味问题导入法。趣味问题导入法就是在上新课之前，提出一些有趣味性和启发性的问题，令学生惊诧，为讲新课埋下伏笔。教师在导入时设置趣味性疑问，可以引起学生的思考，从而达到启迪思维，增长智慧的目的。教师在运用设疑导入时应注意的是，问题应有针对性，要针对教材的关键、重点和难点设疑。另外，要有一定的难度，对提出的问题不作解答，让学生在学习新知识后自己找答案，使其时时处于思考状态。

7. 化学实验导入法。化学实验导入法是教师通过演示实验或学生实验中的现象，让学生进行观察、归纳、分析、综合和抽象，得出结论，并从实验现象或实验结论上提出课题，从而导入新课的一种方法。学生学习之始的心理活动特征是好奇、好看，要求解惑的心情急迫。在学习某些章节之初，教师可演示富有启发性、趣味性的实验，使学生在感官上承受大量色、嗅、态、声、光、电等方面的刺激，同时提出若干思考题，通过实验巧妙地进入新课的学习。

8. 类比导入法。类比导入就是对两个或两类不同的对象进行比较分析，找出它们之间的相似之处，把其中某一对象的有关知识或结论推移到另一个对象中去。用这种方法导入新课，既有利于增强学生对新知识的记忆、理解和掌握，又能避免同类概念或理论的混淆。这种导入方法适用于那些表面看来很相近，但实际又有区别的，学生容易混淆的概念、理论等的教学。

9. 科学史料导入法。在化学的发展史中，妙趣横生的典故很多。在导课时，根据教材内容的特点和需要，选讲联系紧密的故事片段，可避免平铺直叙之弊，收到寓教于趣之效。这种导入形式不仅可以培养学生的思维能力，而且可以引起学生对化学学科的兴趣。这种导入一般用于比较抽象的单元教学中，先让学生通过史料对这个单元的知识的产生、发展情况有个大概了解，从而从心理上和思路上降低单元教学的难度。

导入的类型是在深入钻研教学内容、明确教学目标和分析学生特点的基础上确定的。因此，每一种导入方法都应从教学目标出发。为使学生明确学习目的和教学内容，激发学习的积极性与主动性，造成寻求答案的迫切心理，更好地理解和掌握知识，必须合理灵活地设计导入。

二、化学教学新授课技能

（一）创设教学情境技能

教学情境是在一定的环境背景下，将知识蕴含其中，为学生提供有助于学习和认识理解的学习环境。

1. 教学情境的类别

不同的情境素材承载着不同的教学内容，通过文字、图片、视频等形式呈现。基于情境素材与化学学科知识、社会生活、化学理论知识历史发展之间的联系，可从文化维度、社会维度、本体维度等对情境素材进行分类，三个维度素材划分的依据及分类说明如表 6－1 所示。

表 6-1　素材维度的划分依据及分类说明①

维　度	划分依据	分　类	说　明
文化维度	从文化视角出发，基于情境素材所处的时代	历史类	化学史、传统文化、化学理论知识等出现时间距今比较久远的素材
		现代类	在目前生活生产、科学研究中广泛应用的素材
社会维度	从历史视角出发，基于情境素材与生活、社会、科学研究的联系程度	生活类	与学生日常生活紧密联系的情境素材
		社会类	与社会、环境、工业生产等相联系的情境素材
		科学研究类	与科学研究相联系的情境素材
本体维度	从学科本体视角出发，基于情境素材与化学学科的联系程度	化学学科类	与化学学科相联系的情境素材
		跨学科类	与生物、物理、数学、工程学等其他学科相联系的素材

教师要深入挖掘各类情境素材所承载的核心素养发展功能，根据教学需要将情境素材确立为建构情境素材和迁移情境素材，使其与活动、问题相融合。

2. 核心素养视域下教学情境的创设方法

激思、激疑、激趣是化学教学情境的基本功能。任何化学概念的建构都需要在情境中完成，认识到化学知识的迁移都要解决真实情境中的问题。兴趣能够激发学生的学习动机，是学生积极主动地进行知识建构和迁移的内驱力。核心素养视域下的教学情境创设有以下几种方法。

（1）创设化学史实情境。历史由一个一个的事件构成的，是前人智慧的结晶，其思想、方法给后人以启迪。将化学史实作为课堂教学资源，提供相关化学史实资料给学生，有利于学生进行意义建构，从“根”上理解知识发展的来龙去脉，体现学科特质，反映学科思想。追随科学家的思想变迁以深入了解化学概念提出时的历史背景、过程及其意义，才能深刻感悟其内涵、本质与价值。这些历史发展的真实过程恰恰与学生的迷思概念相关，以“物质的量”为例，有部分学生甚至教师都错误地认为“摩尔”“阿伏伽德罗常数”本身并无

① 万延岚，李倩．对《普通高中化学课程标准（2017 年版）》中“情境素材建议”的分析与启示 [J]．化学教学，2019（07）：14-19.

任何意义，均是物质的量的衍生品，以及认为阿伏伽德罗常数就是阿伏伽德罗提出的等错误认知。

明确科学家遭遇的困境是科学前进的方向和动力。宏观、微观是认识化学的两个视角，宏观物质用质量、体积等物理量进行表征，微观用原子、分子进行表征，那么原子和分子间存在着怎样的联系和区别呢？宏观和微观之间如何建立起关联呢？这在当时成为困扰科学家的难题。

科学家对困境的突破是科学思想方法创新的过程。康尼查罗运用历史和逻辑相统一的观点解决了原子和分子的联系和区别的问题。奥斯瓦尔德提出的“摩尔”、佩兰提出的“阿伏伽德罗常数”概念表征“多个分子构成的集合体”，通过“集合体”把质量小、看不见、摸不着的微观分子进行表征，解决了宏观与微观之间难以定量关联的难题。

（2）创设 STSE 情境。STSE 是科学（Science）、技术（Technology）、社会（Society）、环境（Environment）的英文首字母组合。化学课堂教学要紧密联系社会生产生活实际，通过化学学习，认识到化学在促进社会可持续发展、满足人们日益增长的对美好生活追求的需要、解决社会发展过程中所遇到的各种实际问题等方面做出的积极贡献。社会热点话题是 STSE 情境的重要来源，能够赞美化学贡献、发展综合能力是创设 STSE 情境的目标。

STSE 情境的分类和主要内容如表 6－2 所示。

表 6－2　STSE 情境的分类和主要内容①

分　类	主要内容	示　例
化学与资源	资源的开发利用技术、资源的生产工艺流程	海水资源、金属矿产资源的开发利用；煤和石油的综合利用
化学与能源	能源的来源，能源的开发利用	能源的种类，化学能的转化与利用，新能源的开发
化学与材料	材料的组成与性能，材料的制备与使用	金属材料、无机非金属材料、高分子合成材料、复合材料的特点、生产原理及应用

① 王哲，何彩霞．从 STSE 情境走向真实问题解决的化学教学［J］．化学教育（中英文），2022，43（03）：56－62.

续　表

分　类	主要内容	示　例
化学与健康	科学饮食与健康，健康问题产生的原因，解决健康问题的方法和途径，解决健康问题的化学品的制备和使用	营养素的分类和功能作用，营养素补充与健康膳食，常见的食品添加剂及其必要性与安全用量，保健品、药品与健康
化学与环境	环境问题产生的过程，环境问题的危害，环境问题的治理与防护	大气、水、土壤的主要污染物，污染物的来源及其危害，减少污染物的原理及其方法，垃圾分类、垃圾资源的再生利用，垃圾的无害化处理

STSE情境有助于对化学知识和应用价值的深刻理解。化学知识来源于社会生产生活实践，又应用于社会生产生活实践。创设STSE情境就是将知识的学习和应用还原于知识本身，在真实情境中建构知识、迁移知识，应用科学方法，形成认识路径，感受知识的价值。

STSE情境有助于促进学习方式转变。STSE情境是发展核心素养的重要素材，在真实情境中，引导学生开展建构学习、探究学习和问题解决学习。结合具体的化学教学内容的特点和学生实际，引导学生开展分类与概括、证据与推理、模型与解释、符号与表征等具有学科特征的学习活动，引导学生通过小组合作、实验探究、讨论交流等多样化的方式解决问题。

（3）创设化学学科研究前沿情境。化学学科研究前沿是化学学科最先进、最新、最有发展潜力的研究主题或研究领域。其具有前瞻性、新颖性、引领性等特点。化学学科研究前沿情境能让学生感受化学科学的发展及其促进社会发展方面的价值。例如，“光伏材料”“纳米材料”“导电高分子”“燃料电池”“飞秒化学”“稀土资源”等。

（4）创设跨学科融合情境。化学与信息、生命、材料、环境、能源、地球、空间、核科学等学科都有着密切联系。创设跨学科融合情境有助于增强学生对化学学科在社会发展中的价值的认识。教师在创设跨学科融合情境时应体现化学学科的重要地位，突出化学学科的基础功能。

3. 教学情境选择需注意的问题

为了保证课堂教学的顺利开展，充分发挥教学情境的功能，在设置教学情境时需注意以下问题：

情境的真实性。情境是核心素养形成和发展的重要平台，为学生表现核心素养提供了机会。教学情境具有认知性、实践性、情感性。真实的情境才能让学生的认知和情感融入其中，激励学生积极主动地提出问题，产生运用化学方法解决问题的欲望。真实情境有利于培养学生的观察、思考和应用能力，有利于其形成良好的习惯和正确的价值观念。

情境的可接受性。情境的设置要充分考虑学生的感受。首先，需要考虑学生的认知能力与情境的匹配性。情境的创设要充分考虑学生的认知发展规律，如果超出学生的认知水平，学生难以体会情境的目的和发展方向，如果低于学生的认知水平，无法激发学生的学习兴趣和继续思考的动力。其次，需要关注学生的情感是否能够接受。情境的创设应该是积极的、正能量的，给学生情感上以激发、激励。

（二）呈现教学信息与交流技能

呈现教学信息与交流是教学语言的重要形式，是知识传递、师生互动的重要手段。

1. 展示和演示

展示和演示是教师通过操作实物媒体，帮助学生认识事物、获得化学知识、学习实验技能的一种常用的化学教学方法。展示能使学生获得事物具体形象的感性材料，例如实物、模型、图、表等直观教具或音像材料。演示能使学生获得事物变化过程的感性材料，如化学演示实验、化学仪器、装置等。

在展示和演示前，教师应让学生了解展示和演示的目的，观察的顺序、重点和方法。展示和演示时，重点是让学生观察。教师的讲解要适度，不能不讲、漏讲，也不能重复、随意拓展，教师根据展示和演示的具体内容及其复杂程度安排在哪个时间段进行讲解，是在观察前、观察中，还是观察后。展示和演示后，教师要组织学生进行交流，讨论观察所得，学会用规范的化学语言进行描述。

2. 板书

板书是课时教学方案的重要组成部分。板书既是教师教学策略的结晶，也是学生听好课、做好笔记、课后复习巩固所学知识的重要信息资源。板书由主板书和副板书两部分组成。主板书要求写在黑板的显著位置，学生容易看见，并且在整堂课中长期保留。主板书的内容包括：课题名称；授课提纲，包括研究问题的思路、方法和程序，知识的系统结构等；教学要点和重点，包括重要的定义、原理、规律、化学式、性质、制法、用途、步骤、过程、结论、注意点和学习要求等。副板书一般写在黑板的次要位置，不需要长期保留。副板书的内容包括：补充的材料和其他内容，如图表、例证，以及文字解释、说明、提示、图示、生僻字词等。

教师在上课前应精心设计板书，使其有计划性、准确、简洁、富有启发性、示范性和艺术性，对学生的学习有帮助。板书常见的形式有提纲式、图解式、表格式、综合式等。板书的形式、重点、详略与教学内容、教学方法和教师的教学风格、学生的接受水平密切相关。

3. 讲授和谈话

讲授是教师用口头语言向学生比较系统地传递教学内容的一种基本的教学方法。切忌讲授变成注入式教学。谈话法是指教师通过预先设计的一系列相互联系的问题，启发、引导学生经过思考做出回答，以师生对话方式围绕学习内容开展讨论，继而传授、巩固教学内容，检查学习内容的一种方法。谈话法体现师生双向互动，而讲授法则是教师单向传递。关于讲授和谈话教学方法的基本要求第一章已有介绍。

（三）组织、指导学习活动技能

教师作为学生学习活动的组织者、引导者、参与者，在学生学习活动中起着重要作用。教师的组织指导可以营造和谐的课堂氛围，激发学生的学习动力，培养学生的学习兴趣，使其树立学习信心，调动学习积极性，提高学习效率。因此，教师的组织指导技能直接影响着学生的学习信心和学习效果。在课堂教学中，学生的学习活动主要包括课内的听课、记笔记、思考、观察、实验、讨论、练习、自学、探究，以及课外的复习、作业、练习、收集资料、实践活动等。

1. 组织、指导听课

听课、记笔记是最常见的学习活动。学生常常难以同时完成听、想、记，针对这种情况，教师有必要进行指导。

首先，要学会听教师讲解的内容。问题是什么？问题是怎么产生的？解决问题的思路是什么？问题是用什么方法解决的？不但要听结论，而且要听过程，特别是分析和论证的过程。

其次，要合理分配注意力。听要有主次之分，记笔记要选择内容。主要记讲课思路、内容纲要（有利于知识结构化）、疑难问题（课后继续思考）、重要补充（教材中没有的）、学习指导（要求和注意点）等，要求简明扼要。

最后，在课的开始做好学习定向工作，使学生大概了解学习目标、方法、步骤，讲课时注意要有必要的重复、停顿和适宜的速度，注意板书等手段的配合。

2. 组织、指导观察

观察是人们认识事物、获取信息的一种重要方法，是获取知识、发展智力和能力的首要步骤，是一切发明创造的必要条件。

首先，明确观察的目的。教师可以通过适当的提问，来指引学生观察的方向，而后再让学生观察，以免使其“误入歧途”。

其次，制订周密的观察计划。组织指导学生有目的、有计划、有步骤、有重点地进行观察，尤其是对于稍纵即逝的实验现象，更应有计划地抓住观察时机。指导学生学会观察的方法，由局部到整体、由个别现象到整个反应历程，同时指导、训练学生感知和思维的敏捷性，发展学生的观察能力。

再次，指导学生全面观察。任何事物不仅其本身具有一定的内在联系，而且各种事物之间也存在着一定的关联。在对事物或现象的观察中，不仅要注意到其明显的变化和特征，还要指导学生善于抓住不显著但又非常重要的属性和变化。

最后，观察与思考相结合。心理学研究表明，人的大脑有感知、储存、判断、想象四个区域，在学习活动中，大脑各个区域的活动是互相促进的。实验证明，边观察边思考可以增进对事物的理解和掌握，并促进对事物更深刻的认识。

3. 组织、指导讨论

讨论是在教师的组织指导下，学生围绕一定的问题相互辩论、质疑、启发、补充，共同求得问题解决的一种学习方式。

首先，围绕学习目标，精心设计讨论题目。教师在设计讨论题目时，一定要围绕教学所要达到的目标，使讨论题具有思考性、论辩性，并且难度适中。讨论题一般由教师给出，对于学生学习过程中提出的问题，需要进行选择加工，然后再交给学生讨论。教师还应该根据已有经验和对学生的了解，预测、估计学生在讨论中可能出现的问题和不同意见，做好进一步引导、启发的准备。

其次，让学生理解讨论题及其意义，留给学生足够的思考时间。讨论题目可以提前向学生公布，让学生明确讨论的要求，指导学生复习有关知识，查阅相关资料，准备好发言提纲。

再次，讨论中要适时启发、引导学生认真思考，让学生紧扣主题大胆发言，积极参与讨论，既敢于坚持正确的意见，又善于接受不同的意见。

最后，讨论结束后及时总结，引导学生归纳得出正确结论，使知识系统化。同时，提出需要进一步思考的问题，供学生研究、思考，将学生的学习引向更深的层次。

4. 组织、指导合作

合作的意识和能力是现代社会对其成员提出的一项要求，也是一个现代人必备的素质之一。

首先，选取合适的内容进行合作学习。教师在进行教学设计时要选择适合学生合作学习的内容，这些内容必须是通过采用小组合作的形式实现课堂的教学目标，并有助于学生全体参与。教师应关注到学生之间的差异，实现因材施教，使每个学生在原有的基础上都能得到发展。

其次，明确合作学习的任务。明确合作学习的任务，才能使学生的合作学习活动具有明确的方向。只有明确了合作小组的任务及每个成员的个人任务，他们在合作学习时，才会有集体责任感和个人责任感，才会积极地互动、互助，才能避免出现小组中个别成员承担大部分甚至所有任务，而某些小组成员无所事事的情况，才会充分发挥每个成员的主观能动性。

再次，把握合作学习的时机，实施合作学习监控。为了充分发挥合作学习的功能，促进学生有效的合作学习，在开展合作学习时，应当把握合作时机。在合作学习实施的过程中，可能存在一些带有普遍性的问题，教师可以抓住这些问题，对学生的合作学习实施监控。这些普遍性的问题可能是：合作讨论时冷场、偏离主题，对学习内容存在误解，部分学生过度依赖其他成员、消极被动等。教师应针对具体情况，认真分析出现问题的原因，指导学生掌握合作学习的技巧，明确个人责任和要解决的问题，纠正偏差，引导学生发挥自己的主观能动性，达成小组学习的个人及团体目标。

最后，注重合作学习评价。教师适时合理的评价有利于调动学生学习的积极性、主动性。对学生的合作学习进行评价，方式可以是口头评价，也可以是书面评价，评价以激励为主，以达到强化学生有效合作学习的目的。评价要以小组评价为主，评价合作学习小组的合作过程和效果，同时将每一个小组成员的表现同合作学习小组的成绩紧密地联系在一起，使学生形成“组荣我荣”的观念，从而认识到相互合作、共同进步的意义。

5. 组织、指导探究

首先，选取合适的探究内容。很多化学知识都适合用探究的方式来学习，探究内容首先要围绕与化学有关的科学性问题展开；其次要注意问题本身的难度、所需要的科学方法的复杂程度、所用到的仪器和资料，以及在解释交流时所涉及知识的范围都要适合学生的特点。

其次，选择合适的教学组织形式及教学场所。化学教学中的探究活动主要有：以实验为主要活动的科学探究、以查阅资料为主要活动的科学探究、以调查访问为主要活动的科学探究、以交流讨论为主要活动的科学探究等。在组织学生进行探究学习时，要根据具体的探究内容和学生的实际情况选择合适的教学组织形式。可供参考的教学组织形式主要有：在教师指导下的探究学习、以学生个人为主的探究学习、小组合作式探究学习、完全开放的探究学习等。学生可以有效利用多种场所进行学习。校内、校外、社区内、家庭，只要学习内容需要，条件允许，这些都可以成为开展探究学习的场所，学生可结合具体内容进行最佳选择。

再次，创设探究的必要条件。教师不仅要为学生创设更多的探究机会，还必须为学生提供探究的必要条件，并进行恰当指导。教师在指导过程中，要尽量尊重学生设计的探究方案，包括不可能实现的甚至是荒谬的方案，注意不要把自己的观点强加给学生，允许学生尝试错误、尝试失败，使学生在错误和失败中学会反思和改进。只有这样，学生才能有更多的收获，才能学会真正的探究。

最后，精心设计探究过程。教师要在充分研究学生的心理特点、化学学科的内容特点、探究学习的目标特点、自己的能力特点，教学条件和教学资源的基础上，进行最佳的教学设计。在组织学生探究学习的过程中，要注意遵循科学、全面、高效、优化的原则，把握主要矛盾、充分利用资源，把学生有效组织起来，使他们有条不紊地学习、思考、讨论、提问、实践、体验、发展。在进行探究学习前，教师要充分考虑学生的安全，对于学生身体有危害或对环境有污染的探究内容，一定要采取必要的措施，不能让学生盲目探究；对学生设计的探究方案，也要仔细审阅，以防事故的发生。另外，当学生需要走出课堂，进行社会调查时，教师一定要把安全教育放在首位。

（四）调控课堂教学技能

课堂教学调控技能是指教师在课堂教学实施过程中，为保证课堂教学的有序和高效，根据学生的反馈信息而做出的一系列调节与控制。调控是实现预定教学目的的必要和有效手段。

课堂教学调控技能反映教师的应变能力。教师在把握课堂教学的调控技能时，可以从以下几个方面来进行：课堂物理环境与心理环境的调控，课堂行为的调控，课堂时间的调控，课堂教学内容与方法的调控等。

（一）课堂物理环境与心理环境的调控

课堂物理环境与心理环境的调控合起来又可以称作课堂环境的调控。课堂物理环境指作用于课堂教学活动的因素，如温度、光线、声音、气味、色彩，以及课堂座位的排列等。这些因素一方面可以引起学生在生理上的不同感觉，一方面在心理上也会产生不同的情绪，影响学生的学习动机、课堂行为，甚至对课堂心理气氛产生影响，从而影响教学活动的开展。教师应注意物理环境的布置，良好的课堂氛围的形成离不开整洁、舒适的课堂物理环境，教师应组织同学有特色地布置本班教室，注意座位的编排情况、良好的通风、适宜的温度、合适的光线等。

课堂心理环境可分为课堂人际关系与课堂心理气氛两类。教师在课堂活动中应摒弃权威心理，主动与学生沟通，表达对学生有所期望，同时引导学生之间相互信赖、相互关心，使生生之间的人际交往健康发展，并进一步形成具有共同目标的学习集体。教师应建立起良好的师生关系，处理好生生关系，同时帮助班集体形成好的学风。课堂心理气氛指班集体在课堂上的情绪、情感状态，是师生在课堂上共同创造的心理、情感和氛围。可分为民主性气氛、专制性气氛、自由放任性气氛。课堂心理气氛既受到校风、班风的影响，也受到教师权威、教师领导方式的影响。教师在对课堂心理气氛进行调控时应转变观念，树立全面、正确的角色意识，尽量采取民主的领导方式，讲究教学的艺术，保持愉快、振奋的心理，合理解决冲突。

（二）课堂行为的调控

课堂行为可分为课堂积极行为与课堂问题行为两种，教师首先应明确学生在课堂上的行为属于什么类别。对良好行为应及时强化和鼓励，问题行为则应慎重对待。有研究者将课堂问题行为分为两类：扰乱课堂秩序的行为和影响学生自身学习效果的行为。前一类包括交头接耳、传递纸条、高声笑谈、敲打作响、互相指责攻击、故意违反纪律等，教师应加以制止和削弱。后一类行为表现为上课发呆、注意力不集中、胆小害羞、不主动参与课堂教学活动等，需要教师给予注意和适当引导。此外，教师还应具备突发事件的处理能力，一些本来属于问题行为的事件，如果处理得好往往会变成教学活动生动起来的契机，教学内容也可借此得以深化。

（三）课堂时间的调控

课堂时间的调控包括课堂教学时间的分配、节奏、速度等。课堂教学的时间可分为分配时间、专注时间与学科学习时间，这三种时间的时长依次递减。分配时间属于具体分配的课堂时间，是最长的；而除去教师组织教学后剩下的是专注时间；学科学习时间最短，它是学生真正进行学习的时间。教师应在对课堂的有效控制下尽量减少组织教学的时间，同时把握最佳时机，提高课堂教学的有效性。有研究指出，开课后 5～20 分是课堂教学最有效果的时间段，也有研究者认为上课后的 20～25 分是学生注意力最稳定的时间，受具体授课内容差异等因素的影响会有不同结论，但教师要善于抓住时机，突出重点、突破难点，完成主要的教学任务。从课堂教学节奏来看，每一节课的进行实际上都是波浪式的，学生的注意力会随着新内容的出现不断转移和集中，形成课堂教学的自有节拍。节奏慢的地方往往是教学难点、重点，学生易产生问题的地方，节奏快的地方则可使学生养成快看、快写、快说、快思的习惯。总之，教师要善于从学生的反馈中得到信息，调整教学速度，把握教学节奏，使课堂教学既能如行云流水，又能做到有张有弛，与学生生理和心理特点相吻合。

（四）课堂教学内容与方法的调控

教师在课前已制订出一定的教学计划，上课后虽然可以适当增加或删减一些细节，但一般还是按照教学计划来进行教学。在这种情况下，对教学内容的调控更多的是指教师在教学过程中如何更好地把握教材，处理教材，从而更好地完成教学任务。

此外，还应注意教学方法的选择。教学方法具有针对性、相对性、综合性以及多样性。固守单一的教学方法容易使教学显得呆板、千篇一律，更重要的是不能适应不同教学内容的要求。课堂教学方法的调控，在很大程度上就是刺激学生集中注意力，调动学生的学习积极性。从美学的角度讲，引起人们审美注意的一个重要因素，是客观对象的新异性和多样性。因而，课堂教学方法是否新颖，是否多样，是决定能否有效地实施课堂教学调控的重要因素之一。教师选择教学方法要注意适应学生心理特征及认知规律，避免教学方法单一化、机械化。此外，在新一轮基础教育课程改革后，化学教材中的实践性环节有所增多，教师教学方法的选择上也应注意学生的参与度，掌握如何指导好研究性学习、探究性学习与基于问题的学习的教学方法。好的教学方法应该是与学生的学习方法相适应的，教的目的是不教。教法与学法的统一，间接体现了教与学的教学过程的内在统一。

如果对教学调控技能按课堂教学时间进程来分类，可分为导入新课中的调控技能、组织教学中的调控技能和结束课中的调控技能。

三、化学教学结束课技能

结束课技能是完成一项教学任务终了阶段的教学行为，是通过归纳总结、领悟主题、实践活动、转化升华和设置悬念等方式，对所教知识和技能及时进行系统巩固和运用，使新知识有效地纳入学生的认知结构中的一类教学行为。

（一）结束课技能的功能

强调重要事实、概念和规律，概括、比较相关知识，形成知识网络。承前启后，诱发继续学习的积极性。通过同化与顺应，引导学生总结自己的思维过程和解决问题的方法，促进学生智能的发展。使学生领悟所学内容主题的情感基调，做到情与理的统一，并使这些认识、体验转化为指导学生思想、行为的准则。布置思考题和练习题，使学生对所学知识进行及时复习、巩固和运用。

（二）结束课技能的要求

新课结束前及时进行总结和复习巩固，尤其是一些逻辑性很强的规律性知识，对其由瞬间记忆向短时记忆进而向长期记忆过渡非常必要。总结要精当，要有利于学生回忆、检索和运用。能够概括出本节课的知识结构，深化重要事实、概念和规律。能帮助学生把零散的、孤立的知识进行有效的网络化。恰当安排学生的实践活动，如练习、小结和实验。鼓励学生继续探索，培养学生的想象力。布置作业要求明确，数量恰当，结束环节安排紧凑，不拖堂。

（三）结束课技能的构成

在结束一个课题的时候，大体需要经历以下几个阶段：

简单回忆。对整个教学内容进行简单回顾，整理认知思路。

提示要点。指出内容的重点、关键，它们之间有怎样的联系？它们和已学过的知识之间是如何联系的？必要时可做进一步的具体说明，进行巩固和强化。

巩固应用。把所学知识应用到新情境中去，解决新的问题，在应用中巩固知识，并进一步激发思维。

拓展延伸。有时为了开阔学生的思路或把前后知识联系起来，形成系统，而把课题内容扩展开来。

第二节　素养导向化学教学实施

素养导向化学教学实施过程要凸显化学学科教学的育人功能。核心特征表现为：突出学生的主体地位，强调将化学知识转化成素养，注重化学高阶思维能力的培养。

一、突出学生的主体地位

促进学生发展是素养导向课堂教学的第一要务。认清教师与学生在课堂教学中的身份地位是有效实施素养教学的重要基础。在素养导向的化学教学过程中，教师是引导者、组织者，而学生是学习者、实践者和建构者。鉴于这样的身份地位关系，在课堂教学实施过程中，教师要采取适切的教学策略，切实给学生充分表现的机会，有些问题要引导学生提，有些话要留给学生说，有些事要让学生做。

（一）有些问题要引导学生提

1. 问题的内涵及功能

问题是指在某一情境中由当前状态通往目标状态之间的差距，因此问题是已知和未知之间的桥梁和纽带。有价值的问题主要包括“是什么”“为什么”“如何”三类，“是什么”指向知识本质，“为什么”强调逻辑，“如何”强调方法。在教学过程中，问题具有如下功能：

（1）动机功能。问题是已知和未知之间的差距，这样的差距能够激发学生的好奇心、求知欲，产生寻找答案、一探究竟的想法和冲动。

（2）定向功能。问题是课堂教学目标，规定了研究的方向和内容。例如，硫酸有哪些化学性质？这一问题规定了研究对象是硫酸，研究内容是化学性质。

（3）启动功能。课堂教学的逻辑起点就是问题的提出。提不出问题，课堂教学就没有目标和方向。因此，提出问题是课堂教学的开始。

2. 引导学生提问题的教学策略

提问题是问题驱动式互动教学的核心。① 素养导向的化学教学强调解决真实问题，因此更加强调培养应用所学知识分析问题、解决问题的能力，即问题驱动式教学。那么，问题来自哪呢？问题是由教师提供还是教师引导学生自主提出问题？可见，提出问题是关键。发现问题只是模糊地感觉到事情不对劲，而提出问题是能够用语言清晰地把问题表达出来，从发现问题到提出问题意味着人的思维和认识的巨大进步。提出问题为分析问题、解决问题指明了方向，是问题解决链条中最大的创新。

（1）鼓励学生勇于质疑批判。质疑批判是提出问题的基础和前提。质疑批判是以新的理论或实践作为证据对旧的思想、理论、观点等提出疑问，并做出批评、判断。科学就是在不断的质疑批判声中前进的。例如，1904 年汤姆生在发现电子的基础上提出了原子“糟糕模型”。1911 年，卢瑟福在 α 粒子散射实验基础上，对“糟糕模型”进行了质疑批判，提出了原子“有核结构”。玻尔发现经典电磁理论解释不了原子“有核结构”，因而进行了质疑批判，并结合量子化思想提出了氢原子结构模型。在量子力学基础建立起来后，原子几何结构模型才正式建立。因此，培养学生的质疑批判精神，鼓励学生基于证据提出具有研究价值的问题才能发挥素养课堂教学的价值。

（2）激发学生的好奇心。中学生的心理特征之一就是好奇心强，对新鲜事物拥有浓厚的兴趣，总想一探究竟，心中充满疑问，会提出各种问题，甚至有些“天马行空”的问题。这种好奇心的驱使，有利于教师把课堂教学逐步引向

---

① 王青．从大学物理教育反观中小学提问题能力的培养［J］．物理教学探讨，2021，39（01）：1－4.

更深入的阶段。例如，在学习硝酸的氧化性时，教师可以创设如下实验情境：往淡绿色的 Fe^{2+} 溶液中滴加某一无色溶液（稀硝酸溶液），溶液颜色由淡绿色变为黄色。同学们一定会对滴加的无色溶液充满好奇，无色溶液到底是什么？为什么具有这样的能力？教师不仅要保护好学生的好奇心，更要激发好、引导好学生的好奇心，这是激发学生提问题的有效手段。

（3）引导学生寻找问题点。有质疑批判精神和好奇心固然很重要，但是还要善于发现或寻找问题点，这是提问题的关键。例如，1674 年，波义耳经过实验研究后得出了“金属燃烧后重量会增加”的结论。面对这样的结论，有些人可能会完整重复波义耳实验的整个过程。1756 年罗蒙诺索夫找到了问题点，发现波义耳实验是在敞开环境中完成的，如果是在密闭环境中完成结果会怎样呢？结果得出了与波义耳完全不同的结论。这就需要教师在教学情境、实验观察、实践操作、交流讨论、阅读赏析、问题解决等过程中引导学生寻找问题点。

（二）有些话要留给学生说

1. 学生发言的内涵及功能

表达交流是素养导向课堂教学的重要组成部分。学生发言，即学生说的话，是指学生通过语言表达的思想、方法、观点等，这也是评价学生日常学习表现的重要组成部分。在教学过程中，学生发言具有如下功能：

（1）诊断功能。诊断学生的现有水平是教师继续进行教学设计与实施的前提。通过学生的发言能够诊断其知识理解水平、能力形成水平和素养发展水平，诊断学生是否具有正确的情感态度和价值观念。

（2）激励功能。在课堂上，教师要采取多种方式激发学生的内在驱动力。如果学生能够在课堂上通过语言表达出自己的思想、方法、观点等，将会增加其自信心，激励其勇于表达自己的观点。

（3）自省功能。学生的发言一般具有即时性，可能未经过深思熟虑，答案也不一定全面或准确。在发言后，学生一般会对问题和答案进行反复琢磨，进一步回味问题和完善答案，因此在课堂上通过语言进行表达交流能够促进学生深度自省。

2. 引导学生发言的教学策略

（1）培养学生心理上的自信。学生发言首先要进行心理建设。在课堂上存在如下可能情况：有些学生因怕出现错误而丢脸，不敢发言；有些学生语言表达能力较差，不愿意发言等。教师要培养学生勇敢和自信的品质，使其敢于面对困难和挑战，敢于突破自我。

(2) 营造开放包容的交流氛围。在班级里，教师要引导学生营造和谐、开放的学习交流氛围和教学情境，让学生敢于表达、愿意表达。教师要包容学生表达得不准确，甚至错误，要给予必要的、及时的引领和指导，让学生在包容、积极的氛围里表达自己。

(3) 创造更多的交流空间。师生互动是素养导向课堂教学的重要表现形式。在课堂上，教师要创造更多的言语交流空间，让学生有充分的机会表达自己的观点、展现自己，在交流中进行思维碰撞，甚至是“暴露”自己的不足。例如，引导学生提出有价值的问题，对学习活动过程以及表现、结论等进行汇报。

(4) 实施诊断发展性评价。在传统课堂上，教师对学生的回答常常是简单的对错评价，因此学生即使回答了问题，也很难有实质性的提升。教师要通过诊断发展性评价，让学生不仅能够对自己的观点、想法有全面、准确的理解认识，而且能明确接下来的发展方向。

（三）有些事要让学生做

1. 学生做事的内涵及功能

学生做的事是指学生积极参与或自主完成的学习活动，如实验探究、资料收集、汇报交流、阅读赏析、科学认识、社会实践等。在课堂教学中，学生活动的功能如下：

(1) 激活功能。体验式学习是素养导向课堂教学的重要特征。学生通过经历活动过程，总结经验规律，形成个性化“概念”。当然，这种“概念”可能是对的，也可能是错的，但无论是对还是错，在体验过程中，学生的思维都能在不同程度上得到激活。

(2) 内化功能。“做中学”，是素养导向课堂教学的重要形式。在不同类型的学习活动中，学生通过经历、感受知识的习得过程进行知识建构；通过在真实情境中应用所学知识解决真实问题进行知识迁移。学生在知识建构、知识迁移的过程中将知识内化，形成能力。

(3) 发展功能。发展是素养导向课堂教学的第一要务。学生在学习活动中，不仅能激活思维、内化知识，还可能初步形成学科思维方式和方法，提升解决实际问题的能力，形成绿色化学意识，增强合理使用化学品的意识，增强社会责任感。

2. 引导学生参加活动的教学策略

（1）树立促进学习方式转变意识。学生的素养发展是一个自我建构、不断提升的过程。在常态课堂上，大多数教师以讲授为主，学生对知识的学习缺乏自我建构过程。素养导向课堂的基本特征之一是建构式教学，因此教师要树立促进学生学习方式转变的意识，积极开展建构学习、探究学习和问题解决学习。

（2）创设多样化的学习活动。学习活动是培育素养的重要途径，在化学学科教学中，要创设多样化的学习活动，多视角促进素养发展。例如，实验及探究活动，包括实验类活动、调查类活动和交流类活动，此类活动有助于培养学生的问题意识、安全意识、环保意识、科学态度、创新精神和绿色化学观念等；科学认识活动，包括收集资料和事实、整理资料和实施、得出规律和结论三个阶段，此类活动有助于培养学生基于化学学科视角对学科知识及其思维方式方法进行本原性、结构化认识的能力；社会实践活动，包括实践活动和认识活动，有助于培养学生的问题解决能力，培育其科学态度和社会责任素养。①

（3）精心设计学习活动。学习活动包括两个基本要素：内容要素和方法要素。内容要素关注学习活动过程本身，即“做什么”；方法要素关注解决问题的方法，即“怎么做”。在设计学习活动时，教师要充分考虑到两个要素对发展学生素养所发挥的功能。例如，在设计化学实验活动时，内容要素要关注实验过程，方法要素要关注实验原理、实验操作和注意事项。

（4）鼓励学生参与活动评价结果的判断和解释过程。教师可以尝试让学生和教师共同讨论活动评价标准和实施方案的制订。教师征求学生的建议，并依据评价标准开展同伴互评，最大限度地发挥评价促进学生学习的激励功能。

二、强调将化学知识转化成素养

（一）化学知识在素养课堂教学中的地位

化学学科知识是化学教学的主要内容。从我国基础教育化学课程改革发展

---

① 姜显光．学科素养导向化学课堂学习表现评价任务设计：基于《普通高中化学课程标准（2017年版）》教学与评价案例［J］．中小学教学研究，2022，23（04）：87-90.

历史看，从“双基”到“三维目标”，再到“核心素养”，化学知识一直居于重要位置。化学学科知识包括元素化合物知识、物质结构知识、反应原理知识、化学实验知识、化学方法知识等，这些知识无疑是化学课堂教学的主要内容。

知识应具备“举一反三”中“一”的功能。素养就是能够运用所学知识解决实际问题的能力。因此，课堂教学中所教的知识不仅仅是具体知识，还要具有“举一反三”中“一”的功能，对新知识的学习、新问题的解决具有启发功能。

（二）化学知识转化成素养的教学策略

将化学知识转化成素养主要从三方面着手：发挥大概念的素养功能、抽提化学认识视角和认识思路。

1. 发挥大概念的素养功能的培养策略

大概念是指反映学科本质，具有高度概括性、统摄性和迁移应用价值的思想观念。

（1）基于学科主题进行大概念抽提。学科主题是指能够统摄一类化学知识的化学学科核心概念或化学学科思想与观念。基于学科主题进行大概念抽提能够反映主题内容的特质化素养功能。例如，在“化学平衡”主题中，包含勒夏特列原理、化学平衡常数、浓度商等核心概念，这些概念都说明“在一定条件下，化学反应是有限度的”，因此可以抽提出主题大概念“化学反应限度”。

（2）发挥大概念的统摄功能整合化学知识。一般来说，概念可划分为大概念、核心概念、基本概念三个层级。大概念处于最高层级，整合了诸多学科概念，具有统摄功能。另外，大概念具有学科功能，因此具有整合功能。例如，“化学平衡”主题中，“化学反应限度”是大概念，勒夏特列原理、化学平衡常数、浓度商等是核心概念，温度、压强、浓度等是基本概念。基于“化学反应限度”可以将“化学平衡”主题的相关概念统摄整合起来。

（3）发挥大概念的迁移应用价值。迁移应用价值是学科素养的核心体现，即解决真实问题。例如，“化学平衡”主题的大概念是“化学反应限度”，因此与化学反应相关的平衡均可以“限度”为基础迁移解决，如物质溶解平衡、电离平衡等。

对化学知识的认识、理解、迁移，还需要解决“从哪儿想”和“怎么想”的问题，即认识视角和认识思路的抽提。

2. 化学认识视角的培养策略

化学认识视角的价值在于有助于建立知识关联，从本原上将化学知识结构化。

（1）抓住化学知识的典型特征。例如，认识化学反应。从不同特征进行分析将形成不同的认识视角。从反应物的组成分析，形成物质类别视角；从反应物是否发生电离分析，形成离子视角；从反应物中元素化合价是否发生变化分析，形成氧化还原视角。

（2）结合化学学科思维方式。宏观辨识与微观探析是认识化学的思维方式，因此宏观、微观是认识化学物质及其变化的两个视角。例如，认识物质组成。从宏观视角看，元素是物质的宏观组分；从微观视角看，原子是物质的微观组分。

（3）借鉴科学认识过程抽提视角。科学认识是化学认识的上位概念，对化学认识具有指导功能。例如，认识化学平衡移动。从定性视角看，通过勒夏特列原理判断化学平衡移动方向；从定量视角看，通过化学平衡常数与浓度商的比较判断化学平衡移动方向。

3. 化学认识思路的培养策略

化学认识思路的价值在于应用认识思路解决陌生情境下的复杂化学问题，促进知识迁移。

（1）基于“宏”“微”“符”三重表征形成一般认识思路。宏观表征、微观表征和符号表征是化学表征的三种形式，教师可基于“宏”“微”“符”顺序组织、形成化学科学表征的一般思路。例如，认识电解质溶液的思路。电解质溶液的导电性属于宏观表征，基于电离理论认识电解质属于微观表征，应用电离方程式表征电解质电离过程属于符号表征，这就形成了认识电解质溶液的一般思路。

（2）基于化学知识体系构成形成认识思路。例如，认识电化学过程系统分析思路。教师引导学生认识电极反应、电极材料、离子导体、电子导体等电化学的基本构成要素，从而结构化其认识思路。

（3）基于化学观念结构化认识思路。例如，“结构决定性质，性质反映结构”是重要的化学观念。教师可以引导学生从物质性质推断物质结构特征，也可以从物质结构预测物质性质，基于此，可以形成有机化合物的认识思路。

培养认识视角和认识思路的策略是多元的，教师需要在教学实践过程中多角度培养、固化和迁移。

三、注重高阶思维能力培养

（一）高阶思维能力

从哲学视角看，高阶思维指具有高阶思维能力的人所具备的特征；从心理学视角看，高阶思维主要反映高层次的认知过程及其发生机制；从教育学视角看，高阶思维主要反映高阶认知过程的表现。① 综合教育学和心理学两个视角看，高阶思维是指人的高层次认知过程。

1956 年，布卢姆将认知能力分为知道、领会、应用、分析、综合和评价六个水平层次。2001 年，安德森将其修改为知道、领会、应用、分析、评价和创造。依据思维水平的高低，可将认识能力分为“低阶思维”和“高阶思维”。知道、领会、应用属于“低阶思维”，分析、评价、创造属于“高阶思维”。根据新课程标准关于高阶思维能力的要求可以将其概括为②：概括关联能力、解释说明能力、推断预测能力、设计验证能力、分析评价能力。

（二）化学高阶思维能力的培养策略

化学高阶思维能力的形成与发展不是一蹴而就的事，需要在日常教学中通过开展高水平的建构学习逐步培养，最终形成思维倾向或思维习惯。

（1）创设真实的认知情境，精心设计问题。真实的学习情境能够激发学生的学习兴趣。例如，创设氧气、二氧化碳、氢气等气体的收集方法情境。然后，向学生提出问题：通过分析上述三种气体的收集方法，基于气体性质差异有几种收集气体的方法？并推断预测氯气可以用什么方法进行收集？上述情境的创设和问题设计，有目的地培养了学生的概括关联、推断预测等高阶思维能力。

（2）开展高阶思维活动。学习活动是素养培育的重要途径，培养高阶思维能力就要开展高阶思维活动。例如，设计汽车尾气绿色处理方案，使学生感受

---

① 胡卫平．深入理解科学思维有效实施课程标准［J］．课程·教材·教法，2022，42（08）：55－60.

② 普通高中化学课程标准修订组．普通高中化学课程标准（2017 年版）解读［M］．北京：高等教育出版社，2018：196－197.

氧化还原反应的价值；要求学生根据金属电化学腐蚀原理，设计日常生活中金属防护的方法，并评价方法的可行性。

低阶思维和高阶思维在促进素养发展中均有重要价值。因此，注重高阶思维的培养，并不意味着可以降低对低阶思维的培养。

思考题：

1. 化学课堂教学实施的一般技能包括哪些？其基本要求是什么？

2. 素养导向化学课堂教学实施需关注哪几方面？分别采取什么样的教学策略？

第七章　化学实验及化学实验教学

化学是一门以实验为基础的学科。那么，实验缘何成为化学学科的基础呢？另外，化学实验教学是化学教学的重要组成部分。那么，化学实验缘何成为化学教学的重要内容呢？基于上述问题，本章内容主要包括化学实验概述、化学教学实验设计与实施、化学实验教学设计与实施三部分。

第一节　化学实验概述

一、科学实验与化学实验

人类能动地改造世界的活动，被称为实践活动。根据改造对象和目的的不同，实践活动主要分为三种基本形式：生产实践活动、社会实践活动和科学实践活动。其中，科学实践活动是指科学地探索宇宙间普遍规律的、有目的的能动性实践活动。

科学实验是科学实践活动的一种基本的和重要的表现形式，是有目的、有步骤地通过控制或模拟自然现象来认识自然事物和规律的一种感性活动。根据研究对象的不同，可以将科学实验分为物理科学实验、化学科学实验、生物科学实验等。

所谓化学科学实验是指化学科学研究者根据一定的化学实验目的，运用一定的化学实验仪器、设备和装置等物质手段，在人为的实验条件下，改变实验对象的状态或性质，从而获得各种化学实验事实的一种科学实践活动。化学科学实验通常简称为“化学实验”，它是化学科学研究不可缺少的实践活动。

上述概念层级结构如图 7－1 所示。

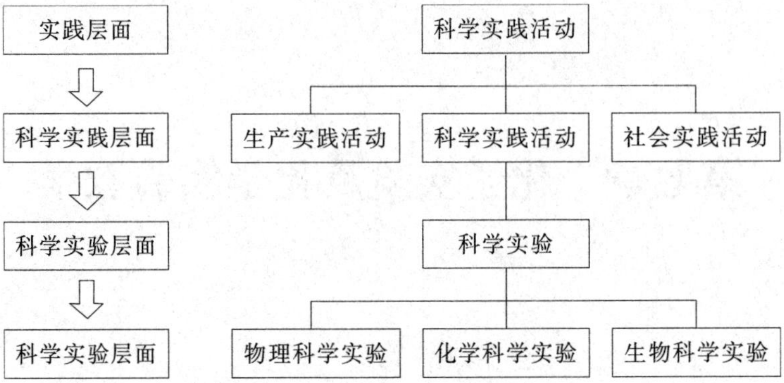

图 7－1　实验的概念层级关系

从图 7－1 分析得出化学科学实验（化学实验）的特征如下：

（1）化学实验是一种科学实践活动，这是化学实验的本质。

（2）化学实验是一种带有目的性的科学实践活动。

（3）化学实验是一种带有手段性的科学实践活动。

（4）化学实验是一种改造实验对象的科学实践活动。

（5）化学实验是一种以获得实验事实为目的的科学实践活动。

二、化学实验的系统构成

实践活动是主体对客体的主观能动改造活动。化学实验中的实验主体称为实验者，实验客体称为实验对象，实验主体对实验客体的能动改造手段称为实验手段。当然，“实验手段”的称呼似乎也是笼统的。在下面的内容中，将对实验手段进行进一步的分析。

从系统视角看，化学实验的实验者、实验对象和实验手段可以被称为化学实验系统的三个核心要素，如图 7－2 所示。

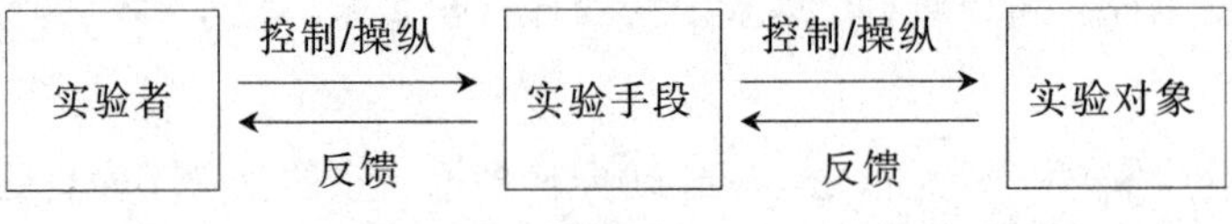

7－2　化学实验构成要素及其相互关系示意图

（一）实验者

实验者作为实验系统的主体，处于决定如何改造实验对象的地位。因此实验者具有主体性。由于实验者能够能动地选择如何改造实验对象，因此实验者具有能动性。此外，由于实验者是人，因此其同时具有物质性。

实验者主体性地位的发挥，能动性的展现，是通过控制/操纵实验手段进而实现对实验对象的控制/操控来体现的。这也就意味着实验者对于实验对象的作用并非直接的，而是间接的。实验手段是实现实验者对实验对象的控制/操纵的桥梁和媒介。

（二）实验手段

实验手段作为实验者控制/操纵实验对象的桥梁和媒介，其存在形式主要包括实物形态和观念形态两种。实物形态的实验手段主要指实验仪器和设备，而观念形态的实验手段则包括实验方法和实验方法论。实验手段具有实物形态和观念形态，表明实验手段的多样性，同时也表明实验手段是一个广义的概念，实物工具和观念工具都被包含在内。

1. 实物形态的实验手段

实物形态的实验手段按照实物的应用历史和价值，可以分为传统的实验手段和现代化的实验手段。

（1）传统的实验手段：化学实验室中进行物质的组成、性质、变化规律和物质的制备等使用的实验仪器、工具和设备。例如，烧杯、试管、烧瓶、量筒、剪刀、镊子、锉刀、离心机、烘箱、电热吹风机等。

（2）现代化的实验手段：化学实验室中鉴别物质的化学成分、测定组分含量、确定物质结构等使用的仪器和设备。例如，红外光谱仪、核磁共振仪、气相色谱仪、质谱仪等。

2. 观念形态的实验手段

观念形态的实验手段可以分为具体的化学实验方法和系统的实验方法论。

（1）具体的实验方法：化学实验方法是化学实验本身所特有的一类方法。根据所应用的实验内容的不同，化学实验方法主要被分为化学实验基本操作方法、物质的制备方法、物质的分离与提纯方法、物质的分析方法。

· 化学实验基本操作方法，包括药品取用、试剂量取、加热、溶解、试纸使用等。

· 物质的制备方法，包括无机制备方法和有机合成方法等。

· 物质的分离与提纯方法，包括物理方法，如过滤、结晶、渗析、盐析、蒸馏、升华、萃取、分液等；化学方法，如洗气、吸收及转化等。

·物质的分析方法，包括化学分析法和仪器分析法（光学分析法、色谱法、电化学分析法等）。

（2）系统的实验方法论：实验方法论是关于实验方法在科学实验中产生、形成和发展的理论，包括实验方法的发展史，实验方法在科学认识中的性质、地位和作用，实验的构成要素及其结构和功能，实验实施的一般程序和所运用的一些具体的科学方法（如测量、测定、实验设计、实验条件的控制、实验观察、记录、实验结果的处理等），实验方法与其他科学方法之间的辩证关系等。实验方法论对进行物理实验、化学实验、生物实验等的学习和研究都具有指导意义。

（三）化学实验对象

化学实验对象是实验者通过实验手段控制/操纵的改造对象。性质以及内容是对象分析的两个重要视角。

1. 化学实验对象的性质

化学学科研究的对象是物质，那么化学实验对象一定也是物质，进一步明确地说，应该是自然物质。根据来源或者获取途径不同，自然物质又可以分为天然对象（物质）、人造对象（物质）和人工对象（物质）。

天然对象（物质）是指存在于自然界，尚未经过人工改造过的天然物，如自然界中的空气和水；人造对象（物质）是指人们运用化学方法合成出来的、在自然界中不存在的物质，如塑料、合成橡胶、合成纤维等。人工对象（物质）是指经过人为改造过的自然物质，如实验室中制备的氧气、二氧化碳和氢气等。

2. 化学实验对象的内容

化学实验的内容一般包括：物质的制备，物质的分离与提纯，物质的表征（检验、鉴别与鉴定），物质的性质及其变化规律等。

三、化学实验的功能

前面所讲的化学实验是化学科学实验的简称。如果没有化学实验，就没有化学学科系统化知识的发现、累积和创新。因此，化学实验具有认识论功能和方法论功能。而那些进入化学课堂，并为化学教学目标服务的化学实验被称为

"化学教学实验"。因此，从化学教学的角度出发，化学实验还具有教学论功能。

（一）化学实验的认识论功能

实践—认识—再实践—再认识……是人类基于实践产生认识的一般规律。化学实验作为一种实践活动，在认识过程中具有的特殊功能：

1. 化学实验是提出化学认识问题的重要途径之一

化学教学认识始于问题，而化学实验是化学问题的重要来源。例如，教师在课堂中演示白糖溶于水的实验，随着教师持续不断地往装满水的烧杯里加入白糖，学生头脑中很容易产生这样的问题：无论教师加入多少白糖，都会被水溶解吗？显然，这个问题涉及对"溶液""溶质""溶剂""溶解度"等概念体系的认识。教师还可以从引导学生分享自身生活经验出发，引发和提出这些问题。

2. 化学实验能为认识化学科学知识提供化学实验事实

学生对于化学科学知识的学习，经常是通过化学实验进行的。学生可以通过阅读资料、听取教师讲解以及其他方式认识化学科学知识。而化学实验能够提供化学实验现象以及化学实验事实等感性认识，为理论认识奠定基础。例如，学生往碱液A里面滴加酚酞试剂，发现碱液变红了。溶液的颜色变化是一种实验现象，是学生的感性认识。学生继续往碱液B中滴加酚酞试剂，发现碱液同样变红了。学生继续往碱液C、碱液D中滴加酚酞试剂，实验现象即颜色的变化是趋同的。学生的感性认识得到不断强化。由此，基于这样一系列趋同的现象，学生归纳出实验事实：酚酞试剂与碱液混合后溶液颜色由无色变成红色。为什么酚酞试剂与碱液混合后溶液会变色呢？学生可以在教师的帮助下，继续探究其中的反应原理，最终认识反应规律，形成理性认识。

3. 化学实验能为检验化学理论、验证化学假说提供化学实验事实

学习化学并非总是采取归纳式的学习方式，有时也采取演绎式的学习方式，学生需要对一个理论或者假说进行验证。化学实验能够为检验、验证活动提供化学实验事实。例如，物质在水中的溶解度受温度影响。这是一条关于物质在水中的溶解程度与温度关系的经验规律。那么，究竟物质在水中的溶解度是否会受到温度影响呢？学生可以提出假设：物质在水中的溶解度随着温度的升高而增大。那么，事实真的如此吗？学生可以通过化学实验来进行检验。

（二）化学实验的方法论功能

实验不仅是一种实践活动，它还是一种重要的感性认识方法，具有方法论功能。实验方法论是科学方法论的重要组成部分，在化学实验教学中有着十分重要的作用。通过化学实验可以使学生经历科学实验的一般过程和学习实验方法。

以“探究 NaCl 在水中的溶解度随着温度变化的规律”实验为例。在实验过程中，学生需要掌握固体物质取用、称量和溶解等操作技能，还需要掌握测量温度、控制变量的方法，以及实验观察、记录和得出结果的方法等。这些科学认识方法都是可以通过化学实验而获得的。

（三）化学实验的教学论功能

1. 化学实验能够激发学生的化学学习兴趣

化学学习兴趣是指学生对化学学习的一种带有情绪色彩的特殊的活动倾向，它是促进学生探究物质及其变化规律的一种重要内在动力，具有较强的动机功能。按照水平高低，可将化学学习兴趣分成“感知兴趣”“操作兴趣”“探究兴趣”“创造兴趣”四种。①

（1）感知兴趣。感知兴趣是指学生通过感知教师演示实验的现象和观察各种实验仪器、装置而产生的一种兴趣。这种兴趣使很多学生对化学学习有较高的积极性，尤其是学生刚开始学习化学时更是如此。这种兴趣属于直接兴趣，在化学教学中不够稳定和持久。教师应将学生的注意力从他们感兴趣的变化和现象引导到明确学习目的，逐步深入地观察、分析变化产生的内在原因，掌握有关的基本概念、理论和元素化合物知识上，使直接兴趣逐步向间接兴趣转化。

（2）操作兴趣。操作兴趣是指学生通过亲自动手操作来获得化学实验现象所产生的一种兴趣。它比感知兴趣的水平高了一级，不再仅仅满足于观察实验现象，更倾向于亲自动手操作，即使是对简单的试管操作实验，学生也会表现出较高的积极性。这种兴趣仍属于直接兴趣，只要把给定的实验做出来，学生的兴趣就得到了满足。

（3）探究兴趣。探究兴趣是指学生通过探究物质及其变化产生的原因和规

---

① 郑长龙，等．化学实验教学新视野［M］．北京：高等教育出版社，2003：36－38.

律而形成的一种兴趣。处在这种兴趣水平的学生不仅满足于做一做，而是要探究引起某种化学变化的原因，或对日常生活、现实社会中的实际问题进行科学的解释和说明。这种兴趣不仅成为学习化学的重要动机，而且也成为学生形成和发展科学探究能力的重要影响因素。它比前两种兴趣的水平更高，属于间接兴趣，具有稳定、持久的特点，是促进学生化学学科核心素养发展的最基本的动力。

(4) 创造兴趣。创造兴趣是指学生在运用所学的知识、技能和方法进行创造性的活动中所形成的一种兴趣。这种兴趣属于化学学习兴趣的最高水平，是推动学生化学学科核心素养发展的最强动力。

上述四种学习兴趣的水平是逐级升高的，低水平是高水平的基础，高水平是低水平的发展。教师在教学中，一方面要注意鼓励、保护学生的感知兴趣和操作兴趣；另一方面要积极培养、提高学生的探究兴趣和创造兴趣。

2. 化学实验能够创设生动活泼的化学教学情景

“景”指外界的景物，“情”指由外界的景物所激起的感情。情景是指能够激起人们情感的景物。所谓化学教学情景就是指在化学教学中能够激起学生学习积极性的各种景物。创设化学教学情景，可以采取化学实验、化学问题、小故事、科学史实、新闻报道、实物、图片、线图、模型、影像资料和互联网等多种形式，而化学实验则是创设生动活泼的化学教学情景的一种常用的形式。

3. 化学实验是发展学生学科核心素养的重要途径①

(1) 利用化学实验史实呈现真实的科学发现过程，发展学生的科学本质观。教师在课堂教学中引入化学史、化学实验史，不仅能够使学生带着兴趣和好奇心去探究化学科学知识，更为重要的是借助化学史、化学实验史，使其了解化学科学知识产生的过程，体会科学家创造化学科学知识的化学科学思维和思想。以“酸碱的定义”为例，教师通过给学生展示“历史上的酸碱”资料，引导学生讨论随着化学实验的发展，人类对酸碱的认识不断加深的事实。如果没有化学实验，人类对酸碱的认识会停留在其物理性质上（如味道、手感等）；如果没有化学实验，人类对酸碱的认识会停留在简单的化学性质上（如与酸碱

---

① 孙佳林，郑长龙．发展学生化学学科核心素养离不开化学实验［J］．化学教育（中英文），2019，4（05）：59－63.

指示剂的反应等)；如果没有化学实验，人类对酸碱的认识不会深入溶液体系，不会发现酸碱的通性，等等。同时，通过化学实验史料，教师可以引导学生认识到科学概念的发展绝非一日之功，原本看起来完美的概念会被更为完善的概念所取代。由于受社会条件的制约，实验手段也对认识物质有着制约性等。由此，使学生认识到科学具有经验性、暂定性、建构性和社会性等本质特征。

(2) 通过引导学生观察并解释化学实验现象，发展其“宏观辨识与微观探析”素养。以“电离平衡”中的化学实验“不同种类物质在不同状态下的导电情况”为例，观察不同种类物质在不同状态下的导电情况，属于“宏观辨识”，运用强、弱电解质电离理论解释不同种类的物质在不同状态下的导电情况，属于“微观探析”。教师通过引导学生观察导电现象，建立宏观实验现象与微观解释之间的思维关联，发展学生“宏观辨识与微观探析”素养。

(3) 通过引导基于实验事实证据的推理，发展学生“证据推理与模型认知”素养。学生还可以基于实验事实推理得出“不同物质在水溶液中电离程度存在差异是导致灯泡亮度不同的主要原因”的结论。教师则引导学生建立对不同物质发生电离的一般规律性认识。这种规律性认识有利于学生建立物质种类、电离程度、自由离子浓度和导电能力四者之间的关联，形成认知模型。

(4) 通过开展化学实验探究，引导学生拓宽认识视角和认识思路，发展“科学探究与创新意识”素养。化学实验探究对转变学生的化学学习方式和发展学生的化学学科核心素养非常重要。以“探究影响化学反应速率的因素”化学实验为例，教师引导学生对影响化学反应速率的因素进行猜想与假设，并要求学生结合生活实际和实验经验，同时提示学生从构成化学反应的要素来考虑。从……考虑，就是认识视角，结合生活实际和实验经验做出猜想和假设，就是认识思路。从构成反应的要素来考虑，学生很容易想到反应物以及反应条件这两个最基本的要素并形成认识视角。接下来，学生就能够结合生活实际和实验经验形成从反应物的状态、反应物本身所具有的性质以及浓度、温度、催化剂等方面考虑影响化学反应速率的因素这一认识思路。

(5) 通过化学实验评价发展学生的“科学态度和社会责任”素养。在素养为本的化学课堂教学中，教师需要注意学生素养表现的显性化评价。学生的素养表现主要是在回答教师提问，完成化学学习任务或完成化学实验活动等学与思的活动中反映出来的。在化学实验活动中，教师可以通过观察学生的实验态度、实验操作、实验设计与实施、实验数据的处理和讨论等表现对学生发展化学学科核心素养的情况进行评价。特别是在化学实验探究活动中，尤其要对学生新的想法即新的认识视角、认识思路给予显性化评价，使学生的创新性得到彰显，这不仅起到激励学生的作用，同时也可以启发学生的思维。

第二节　化学教学实验设计与实施

从静态视角看，化学实验包括组成要素和结构。从动态视角看，化学实验整体可以分为化学实验设计阶段和化学实验实施阶段，实施阶段又分为实验实施过程和实验结果处理两个阶段。

一、化学教学实验设计

（一）化学实验课题设计

化学实验课题是指为了实现某个特定的化学实验目的所需要研究和解决的一个或一组化学实验问题。实验课题可以称为大问题，它是由一系列相互联系、具有一定层次关系的小问题构成的。化学实验课题设计是开展化学实验的基础性、前提性工作。

化学实验问题是指化学实验主体在某个给定的化学实验中的当前状态与所要达到的目标状态之间存在的差距。“当前状态”是指实验主体目前已知的知识或理论；“目标状态”是指实验主体目前未知但准备去探究的新知识或新理论。因此，化学实验问题是已知与未知之间的桥梁和纽带。例如，学生观察教师演示实验“铁丝在氧气中燃烧”。围绕这个实验，学生可能会提出很多问题：

· 铁丝在空气中为什么点不着？不燃烧？

· 为什么实验前要打磨铁丝？

· 为什么要将铁丝缠绕在火柴棍上？

· 为什么要在火柴棍快燃尽的时候，才将铁丝伸入装满氧气的集气瓶中？早一点或者晚一点有影响吗？

· 集气瓶里为什么有水？

· 反应为什么火花四溅？

· 生成的黑色物质是什么？

……

学生已有的知识或者经验包括观察教师的操作，描述教师的操作以及实验现象，这是学生的当前状态。但是，教师这么操作的原因以及为什么会产生这样的现象是学生想知道而不知道的，这就是学生的目标状态。这些化学实验问题就表征了当前状态到目标状态之间的差距。

这些化学实验问题就可以作为化学实验课题供教师和学生开展研究、探讨。教师和学生可以选择其中一个问题进行研究和探讨，也可以选择一系列问题进行研究和探讨。例如，可以重新确定这样几个问题：

·问题 1　铁丝在氧气中燃烧都有哪些现象？

·问题 2　为什么铁丝在氧气中燃烧会产生这些现象？

·问题 3　铁丝在氧气中燃烧的特征是什么？与木炭在氧气中燃烧有什么不同？

在上面的三个问题中，你觉得哪个问题作为化学实验课题更好些呢？你认为确定什么样的化学实验课题是有意义的呢？

确定化学实验课题需要基于以下原则：一是问题是否有价值，二是是否与学生的认知水平相适切，三是学校的条件是否允许开展这样一个课题研究。从价值角度看，三个问题都是有价值的。问题 1 的价值在于引导学生观察并描述实验现象，问题 2 的价值在于引导学生思考实验现象背后的原因，问题 3 的价值在于比较不同物质在氧气中燃烧的现象和特征。但是，如果将问题 2 作为化学实验课题，在初中阶段是无法解决的，学生很难从反应原理视角理解和解释这个问题。从实验条件方面看，学校现有条件基本能够满足。因此，问题 1、问题 3 都可以作为实验课题。问题 3 涉及观察、描述、比较、分析、归纳等多种实验能力，对于学生核心素养的发展十分有益。相较于问题 1，问题 3 作为实验课题的优势更加明显。

（二）化学教学实验方案设计

确定化学实验课题以后，需要设计化学实验方案。化学实验课题明确了化学实验要解决的问题，而化学实验方案则要规划如何通过化学实验来解决这些问题。

1. 化学实验方案设计的基本原则如下：

·科学性原则。科学性是化学实验设计的首要原则。所谓科学性是指实验原理、实验程序和操作方法必须与化学理论知识和化学实验方法论相一致。例如，Na_2S 和 Na_2SO_3 的鉴别，在试剂的选择方面就不宜选用硝酸等具有氧化性的酸；在操作程序的设计方面，应先溶解、取少量，然后加试剂，而不能溶解后直接加入试剂。科学性原则是化学实验方案设计的基本原则，违背科学性原则的实验方案是不被接受的。

·绿色化原则。绿色化学是 21 世纪化学科学的一个重要发展方向，也是中学化学教学中学生应树立的基本化学观念之一。绿色化学倡导从源头上就尽可能地消除或减少有毒、有害化学物质对环境的影响，要想实现这一目标，必须首先从化学实验设计做起。在化学实验设计中体现绿色化学思想，就是要遵循化学实验设计的绿色化原则，也就是说，应从化学反应的原料、化学反应的条件、化学反应的产物、化学实验的操作等方面对化学实验的全过程贯彻绿色化学思想。绿色化原则是化学实验方案设计的重要原则，是落实可持续发展理念的体现。

·可行性原则。可行性是指设计化学实验时所运用的实验原理在实施时切实可行，所选用的化学试剂、实验仪器、设备和方法能够得到满足。例如，鉴别 $NaCl$ 和 Na_2SO_4 时，学生常选用 $AgNO_3$ 做试剂，认为 $AgCl$ 难溶、Ag_2SO_4 微溶，从而对两者加以区分。事实上，这种方法所依据的原理在实施时是不可行的。因为硫酸银不稳定，容易分解成难溶的 Ag_2O。再如，用化学方法鉴别 N_2 和 Cl_2 时，就不能用它们跟氢气的反应进行区别。因为 N_2 跟 H_2 的反应条件在中学很难得到满足，而且 Cl_2 跟 H_2 的反应如果控制不好，还有一定的危险性。

·安全性原则。安全性是指设计实验时应尽量避免使用有毒化学试剂和具有一定危险性的实验操作。如果必须使用，应在所设计的化学实验方案中详细写明注意事项，以免造成环境污染和人身伤害。

·简约性原则。简约性是指要尽可能采用简单的实验装置，用较少的实验步骤和试剂，在较短的时间内完成实验。例如，对 $AgNO_3$、$NaBr$、HCl 和 Na_2CO_3 四种溶液的鉴别。有的学生采用常规的组合实验方案列出 4 组平行实验共计 12 个操作步骤；有的学生运用分析推理只用 6 个操作步骤就完成了鉴别。相比之下，后一种设计简化了实验程序，减少了试剂用量和工作量，在较短的时间内完成了鉴别，符合简约性原则。

可行性、安全性和简约性原则是化学教学实验在化学课堂这一特殊场景中能够实施的保障性原则。

2. 化学教学实验方案的构成要素

化学实验方案是化学实验设计思路的具体体现，是化学实验设计的具体成果。一般包含以下要素：

· 实验课题

· 实验目的

· 实验原理

· 实验用品（试剂、仪器、装置设备）

· 实验装置图、实验步骤和操作方法

· 实验注意事项

· 实验现象及结果处理

· 实验讨论与交流

其中，实验课题决定了实验目的。实验原理决定了实验用品、装置、步骤、方法以及注意事项等。

在具体的实验设计中，化学实验设计方案可能会有所不同。例如，“实验室制取氧气实验”。实验制取氧气一般有固相加热分解、液相催化分解等方法。在设计实验原理的时候，教师可能会选择采用固相物质加热分解制取氧气的方法，如加热高锰酸钾制取氧气，或者是加热氯酸钾制取氧气，又或者是加热氧化汞等，也可能选择采用液相催化分解法，如分解双氧水等。那么，在课堂教学中，基于哪种原理，采用哪种方法开展氧气制取实验呢？这就需要结合化学实验设计的原则，并综合考虑以下因素：

· 学校条件，特别是学校是否有实验所需要的试剂和实验仪器、装置；

· 实验效果，实验现象一定要明显，易于学生观察、记录、描述和分析等；

· 实验操作，实验操作要尽量简便而且步骤少，用时短。

二、化学教学实验实施

化学实验实施过程是指根据化学实验设计方案所采取的一系列实验行动，主要包括实验条件控制、实验观察和实验记录。

（一）实验条件控制

实验条件是指同特定实验对象相联系并对其产生主要影响的因素的总和。化学试剂、化学实验仪器和装置、化学实验操作等都是实验的条件。实验条件是反应的重要因素，控制实验条件是一种非常重要的实验方法。

控制实验条件是指通过改变实验条件，运用各种不同的实验比较方法来探寻最佳实验条件的一般科学方法。这里的“实验比较法”主要有：全面比较法、优选法、简单比较法和综合比较法（或称“正交试验法”）。[①] 中学化学实验中比较常用的是简单比较法，即将影响实验结果的诸条件中的一个作为可变条件，其他条件保持不变，探寻此条件的变化对实验结果产生的影响的一种实验比较法。实验条件控制的方式一般有单因素控制和多因素控制两种。

单因素控制即只对一个实验条件进行控制。例如，实验室用氯酸钾制取氧气时需要使用催化剂，为了考查哪一种催化剂的催化效果最佳，可以采用单因素控制法，只对“催化剂”这一个条件进行控制。

多因素控制是指对多个实验条件进行控制，可分为两种情况。第一种是固定其他条件，只对其中一个条件进行控制。这种方式所控制的实验条件对实验结果的影响具有独立性，每种实验条件都能单独影响实验结果。例如，保持压强、体积不变，考查温度对化学平衡的影响。第二种是同时对多个条件进行综合控制。这种方式所控制的实验条件对实验结果的影响并不是单一的，而是共同作用的结果。例如，氨的催化氧化需要同时对温度、压强及催化剂的种类进行控制，才能得到最佳条件。

（二）实验观察

科学观察是指人们有目的、有计划地通过多种感官或观察仪器对观测对象进行感知，从而获得实验事实的一种科学方法。根据观察对象是否被人为控制，分为自然观察和实验观察。化学实验中的观察绝大多数属于实验观察。

1. 实验观察的基本原则

目的性原则。实验观察是有目的、有计划的活动。观察前，学生要明确实验观察的目的应体现和服从教学目的，为教学目的服务。

客观性原则。客观性原则就是要求学生在进行化学实验观察时，观察到了

---

① 梁慧姝，郑长龙．化学实验论［M］．南宁：广西教育出版社，1996：124－130.

什么，就如实地反映什么，不要附加个人的解释、推断来代替客观事实。

全面性原则。全面性原则就是要求学生在进行化学实验观察时要尽可能地用多种感官（如视觉、听觉、嗅觉、触觉、味觉等），从多方面（如物质变化、实验仪器、装置、操作等）来观察。

辩证性原则。辩证性原则就是要注意观察的条件性和典型性。实验观察是在一定条件下、一定范围内进行的，基于不同的实验条件、不同时间和地点，实验观察的结果可能不同。在进行实验观察时，要有主次之分，把注意力集中在某个观察重点上。

2. 观察内容

观察化学实验仪器和装置。观察实验仪器时，要观察其形状、大小、比例、尺寸和构造等；观察实验装置时，要先下后上，先左后右地进行整体观察，然后找到实验装置的中心，进行重点观察。

观察化学实验操作。观察实验仪器的持拿方法和使用方法，观察实验装置的安装方法，观察教师演示操作的步骤和方法。

观察化学物质及其变化。对物质的颜色、状态、气味、挥发性、溶解性、密度、硬度、熔点、沸点和酸碱性等特征进行观察；对物质的熔化、溶解、升华、结晶、沉淀、冒出气泡、颜色变化、放热、吸热、燃烧、闪光、发声、爆鸣等现象进行观察。

（三）实验记录

实验记录是指用文字、化学术语、化学用语、数字、计量单位、化学实验仪器和装置图、线图、表格等形式，对实验观察的对象进行简要、概括描述的一种科学方法。

在进行化学实验记录时，应遵循以下原则：

·准确无误。即观察到了什么就记录什么，不能主观想象，更不能凭空捏造、编造实验现象和数据。

·周密完整。即要根据实际情况，尽可能将化学实验全过程记录下来，如实验日期、目的、原理、仪器装置、步骤、现象和数据、实验条件等，不能凭主观随意取舍。

·详细有序。即对每个化学实验现象都应按照实验过程的顺序依次详细地记录下来，不能只记录主要的和显著的现象，而忽略掉次要的和不突出的实验现象。

三、化学实验结果处理

在实验过程中，对实验条件的控制、所观察和记录的实验现象等内容是得出实验结论的重要依据。为了使这些证据得到优化，方便进行对比分析和解释说明，需要对实验证据进行处理。化学实验证据的处理方式主要有三种：化学用语化、表格化和线图化。

（一）化学用语化

化学用语化是用元素符号、化学式、化学方程式和化学图示等化学用语，对所获得的化学实验结果加以系统化和简明化的一种形式。例如，碳酸氢铵受热分解实验，可以采用化学方程式对其进行符号表征：

$$NH_4HCO_3 = NH_3\uparrow + H_2O + CO_2\uparrow$$

白色　刺激气味

$$CO_2 \xrightarrow{Ca(OH)_2} CaCO_3\downarrow + H_2O$$

白色

通过这样的处理，一方面，可以简单、直接、明了地看出反应物和生成物及其性质（颜色、状态和气味等）以及反应条件；另一方面，有助于学生认识该反应的本质。

（二）表格化

表格化是用由若干条横竖线所制成的表格，对化学实验结果加以系统化和简明化的一种形式，其最大特点是条理清晰、整齐有序。表格一般包括表头、编号或序号、项目名称和空格等项内容。如果表中的项目是一些物理量，还要标出这些物理量的单位。

（三）线图化

线图化是用直线图或曲线图对化学实验结果加以系统化和简明化的一种形式，一般是在表格的基础上对两个相关量的再处理。它适用于一个量的变化引起另一个量变化的情况，其最大特点是鲜明、直观、简单、明了，因而有利于发现、解释和说明物质及其变化的规律。线图绘制一般要经过下列步骤（以溶解度曲线图的绘制为例加以说明）：

·建立坐标

以温度为横坐标，溶解度为纵坐标；

在坐标轴上标出物理量的名称和单位；

在横坐标上标出若干等距的点，表示温度；在纵坐标上标出若干等距的点，表示溶解度；

温度值自左向右，溶解度值自下而上，依次用数字标出。

·描点，在温度值和溶解度值的相交处，用黑点标出。

·连线，用光滑曲线将黑点依次连起来，即得曲线图。

·标出线图名称。

第三节　化学实验教学设计与实施

化学实验教学指的是教师将化学实验置于一定的化学教学情景下，为实现一定的化学教学目的，而开展的一系列教学活动。化学实验教学是化学教学的重要组成部分。因此，化学实验教学要服从和服务于化学教学的总体安排。

一、化学实验教学设计

《义务教育化学课程标准（2022 年版）》和《普通高中化学课程标准（2017 年版 2020 年修订）》都在“教学建议”部分强调了开展化学实验教学的重要性。前者指出“教师要充分认识化学实验的价值，在教学中高度重视和加强实验教学，充分发挥实验的教育功能”，后者指出“教师要充分认识化学实验的独特价值，精心设计实验探究活动”。因此，化学实验教学设计应秉持“素养取向”，通过化学实验教学发展学生的核心素养。

（一）化学实验教学设计的基本原则

·实验教学内容要与教学内容相适切。这里的适切指的是实验教学内容与其他教学内容之间关系的处理，包含以下几层意思：一是在化学教学中应当安排适当的时间开展化学实验教学；二是所设计的化学实验教学内容应当服务于化学基本概念的学习；三是根据化学基本概念的重要程度设计不同类型的化学实验教学内容。

·积极创造学生参与实验探究的机会。实验探究作为科学探究的重要形式，是发展学生核心素养的重要手段。教师应当在实验教学中设计一定比例的探究性实验，给予学生体验实验探究过程、参与实验探究活动、认识实验探究的重要性和发现实验探究魅力的机会。

·统筹实验技能、方法和能力的培养。探究是一种重要的学习方式。设计探究性实验并开展实验探究教学时，要将对学生开展的实验技能训练、实验方法训练和实验能力培养等统筹起来，综合施策。

·注重学生在实验探究活动中的表现。过程性评价是评价的方式之一，对于诊断和发展学生核心素养具有重要意义。在实验设计中，要基于学生探究实验活动中的表现来进行评价设计，特别是学生对实验的态度，对实验基本技能的掌握、方法的运用以及协作意识等都应当被纳入设计当中。

（二）化学实验教学设计方法

1. 化学实验教学设计的要素

同化学教学设计的要素相仿，实验教学设计的要素同样包括课程标准分析、教材分析、学生情况分析和学校实验资源分析，以及实验教学的重点和难点，实验教学过程设计等。

·课程标准分析主要包括对实验类型的要求，如是否是必做实验，以及对教学活动的建议等。

·教材分析同样需要判断实验的类型。例如，人教版高中化学教材将实验分为三种类型或栏目："实验""探究""实验活动"。"实验"是课堂教学中的重要教学内容，以教师演示为主，学生完成为辅。"探究"是体现探究过程和思路的活动，以实验为主，兼顾其他形式。"实验活动"是《普通高中化学课程标准（2017 年版 2020 年修订）》中所要求的必做实验。

·学生情况分析主要包括学生已经掌握的基本实验技能和方法，以及所具备的实验能力。

·学校实验资源分析主要是对学校现有的仪器、试剂以及现代教育技术条件等情况进行了解。

·实验教学的重点和难点分析。

·实验教学过程设计包括内容、任务、活动和时间分配等。

2. 化学实验教学流程设计

以"实验室制取氧气"为例，教学流程设计如表 7－1 所示。

表 7-1 “实验室制取氧气”的教学流程设计①

板块	任务	教师活动	学生活动
板块一 认识实验室制取气体模型	1. 从实验装置视角认识实验室制取气体的模型 2. 构建实验室制取气体的一般装置模型	1. 引导学生观察实验装置 2. 引导学生从实验装置功能视角分析实验装置的结构 3. 引导学生建立实验室制取气体装置的一般模型	1. 观察实验装置 2. 听取教师对装置及其功能的介绍，形成对氧气制取实验装置的总体认识 3. 基于氧气制取实验装置自主构建实验室制取气体的一般模型
板块二 认识实验室制取气体方法	1. 以氧气的制取方法为例，认识加热、催化分解等制取气体的方法 2. 认识实验室制取气体的一般方法	1. 展示讲解仪器连接组装、气密性检验、固体试剂或液体试剂填装等操作 2. 引导学生总结气体制取的一般方法	1. 自主完成仪器连接组装、气密性检验、试剂填装等实验操作 2. 归纳总结其他气体制取的一般方法
板块三 认识实验室气体收集方法	1. 以氧气的收集方法为例，认识排水法和排空气法等方法 2. 认识气体收集的一般方法	1. 展示讲解排水法、排空气法收集氧气的操作 2. 引导学生总结气体收集的一般方法和原理	1. 完成氧气的收集操作 2. 解释说明操作方法的依据
板块四 认识实验室气体检验方法	1. 以氧气的检验方法为例，认识特征现象检验法 2. 认识气体检验的一般方法	1. 展示讲解用带火星的小木条检验氧气的操作 2. 引导学生形成利用特征现象检验气体的方法	1. 观察氧气检验实验现象 2. 思考检验方法的原理

① 孙佳林，黄坤林，付文生，等．“化学实验教学研究”课程的改革探索与实践［J］．化学教育（中英文），2023，44（12）：53-59.

续　表

板　块	任　务	教师活动	学生活动
板块五 认识氧气的性质	1. 以氧气与木炭、硫粉和铁丝的反应为例，认识氧气的性质 2. 认识氧气的氧化性、活泼性	1. 指导学生完成氧气与木炭、硫粉和铁丝等反应的实验，指导学生进行实验观察和记录 2. 引导学生基于实验现象推测氧气所具有的性质	1. 完成氧气与木炭、硫粉和铁丝等反应实验，观察、记录和交流实验现象 2. 根据实验现象归纳总结氧气的性质

从表 7-1 可以看出：

(1) 实验教学内容包括五个板块，即认识气体制取的模型、认识实验室气体制取、收集和检验的方法以及认识氧气的性质。

(2) 从任务设计上看，有两个要点：一是学生能够以氧气的制取为例，建构实验室气体制取模型，意在发展学生的“模型认知”；二是学生能够以氧气的制取为例，归纳抽提气体制取、收集和检验的一般方法，形成认识视角和认识思路，为迁移认识二氧化碳、氢气以及其他气体的实验室制取提供实验方法论。

(3) 实验过程主要以教师展示、讲解为主，因为这是学生学习化学的第一个实验，学生基本没有化学实验基础，设计类型以演示实验为主。

(4) 教师演示为主，不代表学生的活动只有观察和动手操作。相反，学生在观察和动手操作的过程中，要进行归纳总结、解释说明等思维活动，这也是发展学生核心素养的重要手段。

二、化学实验教学实施

根据实验实施主体的不同，实验分为演示实验和学生实验。演示实验主要是教师演示与学生观察相结合。学生实验则是由教师引导、组织学生开展。根据实验的开放性程度不同，实验分为验证性实验和探究性实验。验证性实验是指对已知结论通过实验进行验证，探究性实验则是指根据实验课题开展实验，通过探究获得实验结论。下面介绍教师演示实验和学生探究实验实施的相关内容。

（一）演示实验教学实施

演示实验是由教师在教学过程中为配合化学教学内容的教授而面向全体学生进行示范操作的一种教学实验。演示实验历史久远，运用广泛，是化学教学中最基本的实验教学形式之一。

1. 演示实验的基本要求：

· 准备充分，确保成功；

· 现象明显，易于观察；

· 操作规范，注重示范；

· 展讲结合，启迪思考；

· 简易快速，按时完成；

· 绿色环保，注意安全。

教师演示实验作为示范操作实验，教师除了要按照以上要求开展以外，还要通过正确示范对学生的基本实验操作技能进行训练。训练从学生接触化学实验之际就应该开始，而且教师应该给予正确操作示范并反复强化，不建议教师展示错误操作。

2. 实验的基本操作训练

实验的基本操作训练包括基本操作技能、仪器和试剂的选择技能以及综合运用技能三个方面。

（1）基本操作技能。主要包括试剂的取用、加热，移液管的使用，容量瓶的使用，滴定管的使用，天平的使用，酸度计的使用，气体的收集、过滤、蒸发，仪器的使用和连接等。

（2）仪器和试剂的选择技能。主要包括对试剂的种类、纯度、浓度、用量的选择和对实验仪器的种类、规格、数量、用途等的选择。

（3）综合运用技能。主要包括重要物质的主要性质的检验、常见化学物质的区分，使用过滤、蒸发方法对混合物进行分离和提纯，溶液的配制，重要气体制取装置的连接及制取操作，酸碱滴定和氧化还原滴定，等。

（二）探究实验教学实施

1. 科学探究过程及其本质

21 世纪初的化学课程改革，在课程标准中突出强调了“科学探究”。科学探究本质上就是运用证据对科学及与科学有关的问题进行解释并检验从而得出结论的过程。[①] 这个过程可以用图 7-3 表示：

图 7-3　科学探究核心要素示意图

· 问题是科学探究的起点。问题的发现和提出是进行科学探究的第一步，问题启动了科学探究机制的运行，规定了科学探究的方向和内容。

· 解释是科学探究的核心。解释是需要证据的；解释实质上是一种假设，证据就是假设提出的依据；对同一个问题可以提出多种解释，从而形成多个假设。对假设的检验同样需要证据验证，即进一步收集证据，证实或证伪解释的过程。

· 被证明是正确的解释就是问题的结论。

· “问题”“证据”“解释”“检验”是反映科学探究本质的最核心要素。

2. 实验探究教学

科学探究具有多种形式，实验研究是其中的一种。开展实验探究教学是转变教学方式的重要方式，也是转变学生学习方式的有效途径。

(1) 开展实验探究教学的指导思想

· 以实验为基础。以实验为基础是开展化学实验探究教学的重要指导思想。其含义是把实验作为提出问题、探究问题的重要途径和手段，要求课堂教学尽可能地用实验来展开，使学生亲自参与实验，进而根据实验事实或实验史实，运用实验方法论来探究物质的本质及其变化规律。

· 强调学生的主体性。学生是化学实验探究教学的主体，要想有效地实施化学实验探究教学，就必须增强学生的主体意识，充分发挥他们的主观能动性。为此，教师要注意激发和培养学生的实验探究兴趣；为学生提供更多的机会，让学生亲自动手进行探究；要通过问题启发、讨论启发等方式，引导学生积极思考、大胆想象，使学生始终处于积极的探索之中。

· 强调教学的探究性。科学教学的探究性是“作为探究的科学”（science as inquiry）和“作为探究的教学”（teaching as inquiry）两者相结合的必然产物。科学教学过程也应当被看作是一种探究过程。强调教学的探究性，是针对

① 郑长龙．关于科学探究教学若干问题的思考 [J]．化学教育，2006 (08)：6-12.

传统的注入式教学而言的。传统的科学教学，由教师单方面大量地灌输权威性的事实，教科书只是记载一系列的科学结论，学生的学习就是了解这些科学的事实和结论。至于这些科学事实与结论是怎样产生的，往往被忽视。

(2) 实验探究教学的主要模式

模式Ⅰ：事实—抽象模式

事实—抽象模式示意图如图 7-4 所示。

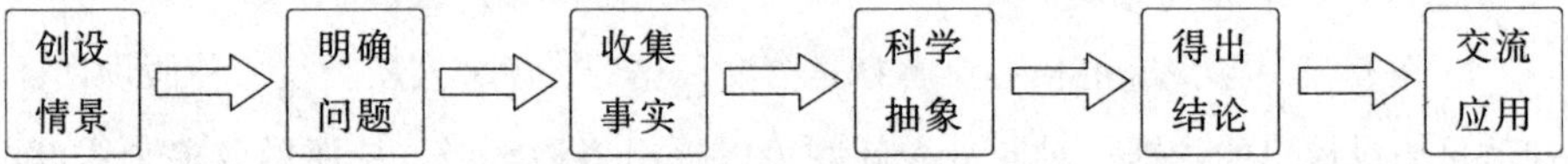

图 7-4　事实—抽象实验探究模式示意图

这一模式中的科学抽象是指在人的思维中排除认识对象的非本质属性，而抽取其本质属性的一种科学方法。科学抽象需要运用比较、分类、归纳和概括等科学思维方法。

【案例】对形成原电池条件的实验探究

【创设情景】

1780 年，意大利生物学家伽伐尼（Galvani L）为给妻子治病，遵医嘱买了不少青蛙。当用解剖刀除去青蛙腿皮时，已死去的青蛙竟然发生了抽搐。他联想起以前做静电实验时不慎触电而使身体肌肉发生颤抖的情形，猜想青蛙的抽搐可能是受到电击的结果。为了探索触电与青蛙腿抽搐的关系，伽伐尼做了三个实验。

实验一：将避雷针与死青蛙相连，当打雷时，青蛙腿发生颤抖。

实验二：将铜钩插入死青蛙的脊髓中，再挂在铁栏杆上，当青蛙腿碰到铁栏杆时，就发生颤抖。

实验三：将青蛙放到铜制的解剖盘里，当解剖刀接触青蛙腿时，青蛙腿发生抽搐。

伽伐尼根据上述实验事实得出结论：青蛙腿抽搐与外电源无关；青蛙自身肌肉和神经里的“生物电”是导致抽搐的原因。1791 年，伽伐尼发表了《论肌肉中的生物电》一文，引起了广泛关注。

意大利物理学家伏打（Volta A）对伽伐尼的研究提出了两点疑问：第一，死去的青蛙怎么还能产生“生物电”？第二，为什么只有青蛙腿与铜器和铁器接触时才会抽搐？于是伏打开始了实验研究。

实验一：将青蛙腿放在铜盘里，用解剖刀去接触，蛙腿抽搐。

实验二：将青蛙腿放在木盘里，用解剖刀去接触，蛙腿不动。

经过大量的实验，伏打推翻了伽伐尼的结论。伏打认为蛙腿抽搐与否不是与所谓的“生物电”有关，而是与金属有关。

【提出问题】为什么用金属能够产生电流？

【收集事实】运用观察和实验的方法收集化学实验事实。

实验条件控制1：按照表7-1的设计进行实验（将连有电流计的两个金属片平行地插入盛有稀硫酸溶液的烧杯中），记录实验现象。

表7-1 实验现象记录表

实验序号	①	②	③	④	⑤
电　极	Cu—Cu	Fe—Cu	Fe—Fe	Zn—Fe	Zn—Zn
是否有电流					
电极反应式					

实验条件控制2：按照表7-2的设计进行实验（将两个金属片平行地插入盛有稀硫酸溶液的烧杯中，其中一个装置中的金属片相连，另一个不相连），记录实验现象。

表7-2 实验现象记录表

实验序号	①	②
电　极	Fe—Cu（相连）	Fe—Cu（不相连）
是否有电流		
电极反应式		

实验条件控制3：按照表7-3的设计进行实验（将连有电流计的两个金属片平行地插入盛有表中溶液的烧杯中），记录实验现象。

表7-3 实验现象记录表

实验序号	①	②	③	④
电　极	Fe—Cu	Fe—Cu	Fe—Cu	Fe—Cu
烧杯中溶液	稀硫酸	稀硫酸钠	酒精	蔗糖
是否有电流				
电极反应式				

实验条件控制 4：按照表 7-4 的设计进行实验（将连有电流计的两个金属片平行地插入盛有表中物质的烧杯中），记录实验现象。

表 7-4　实验现象记录表

实验序号	①	②	③	④
电　极	Fe—Cu	Fe—Cu	Fe—Cu	Fe—Cu
烧杯中溶液	氯化钠固体	稀硫酸钠溶液	氯化钠溶液	硫酸钠固体
是否有电流				
电极反应式				

【科学抽象】

(1) 记录表 7-1 中的实验，按照是否产生电流进行比较，可分成两类：一类产生了电流，即②和④；另一类未产生电流，即①、③和⑤。从②和④可以看出，电极金属的活动性各不相同，因而产生电流；从①、③和⑤可以看出，电极金属的活动性相同，因而不产生电流。

(2) 记录表 7-2 中的实验，按照是否产生电流进行比较，可分成两类：一类产生了电流，即①；另一类未产生电流，即②。从①可以看出，电极金属相连接，因而产生电流；从②可以看出，电极金属未相连，因而不产生电流。

(3) 记录表 7-3 中的实验，按照是否产生电流进行比较，可分成两类：一类产生了电流，即①和②；另一类未产生电流，即③和④。从①和②可以看出，电极金属所插烧杯中的溶液为电解质溶液，因而产生电流；从③和④可以看出，电极金属所插烧杯中的溶液为非电解质溶液，因而不产生电流。

(4) 记录表 7-4 中的实验，按照是否产生电流进行比较，可分成两类：一类产生了电流，即②和③；另一类未产生电流，即①和④。从②和③可以看出，电极金属所插烧杯中的物质为电解质溶液，因而产生电流；从①和④可以看出，电极金属所插烧杯中的物质虽然是电解质，但却是固体，不是溶液，因而不产生电流。

【得出结论】

只要任何两种相连接的化学活动性不同的金属浸在互相连通的电解质溶液中就可以产生电流。

【交流与应用】

(1) 请用你身边常见的物品，尝试制作一个能产生电流的装置。

（2）你同意伽伐尼的观点吗？请发表你的看法。

（3）从伏打发明“电池”的史实中，你受到了哪些启示？

模式Ⅱ：假设—验证模式

假设—验证模式示意图如图 7－5 所示。

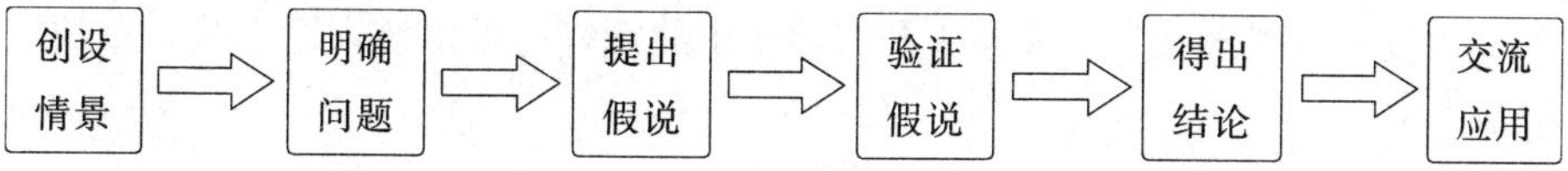

图 7－5　假说—验证实验探究模式示意图

这一模式中的假说是指根据已知的实验事实和科学理论，对未知的自然现象及其规律所做的一种推理和解释。假说的形成一般要经过提出假说和验证假说两个阶段。假说的提出通常包括两个环节：一是根据为数不多的实验事实和科学理论提出假设；二是在假设的基础上进行推理和判断。假说的验证包括实验验证和理论验证，其中实验检验是最直接、最可靠、最有力的方式。

【案例】对“铁生锈原因”的实验探究①

【创设情景】

请同学们交流所查阅的资料：我国每年因钢铁生锈所造成的经济损失情况。

【提出问题】铁为什么会生锈？

【提出假设】铁生锈的原因可能是：

原因 1：与空气接触；

原因 2：与水蒸气接触；

原因 3：与空气和水共同接触。

【对假设进行推断】

如果是原因 1，那么铁能够跟空气中的氧气发生化学反应。

如果是原因 2，那么铁能够跟水发生化学反应。

如果是原因 3，那么铁能够跟空气和水同时发生化学反应。

【实验验证】

实验 1：取一支试管，用酒精灯烘干，向里面放入一根铁钉，然后用橡皮塞塞紧试管口，使铁钉只与干燥的空气接触；

① 唐建华．化学实验教学应如何培养学生的科学素质［J］．中学化学教学参考，2001（Z1）：38－40.

实验2：取一支试管，向其中放入一根铁钉，注入刚煮沸过的蒸馏水至浸没铁钉，然后在水面上注入一层植物油，使铁钉只与水接触；

实验3：取一支试管，向其中放入一根铁钉，然后注入蒸馏水，不要浸没铁钉，使铁钉同时与空气和水接触。

通过实验观察发现，实验1和实验2中的铁钉均未生锈，而实验3中的铁钉却生了锈。

【得出结论】

常温下，铁在干燥的空气中或在隔离空气只与水接触的情况下均不生锈；而当铁同时与空气、水接触时才会生锈。因此铁生锈的原因是水和空气共同作用的结果。

【交流与应用】

（1）从铁在潮湿的空气中生锈（主要成分是 Fe_2O_3）和铁丝在纯氧中燃烧生成 Fe_3O_4 的实验来看，讨论和交流反应条件对化学反应结果的影响。

（2）根据铁生锈的原因，提出一些防止铁生锈的措施。

模式Ⅰ是化学实验探究教学的基本模式，很多元素化合物知识、化学概念、定律、原理等都可以通过此模式来获得。实验探究教学模式Ⅰ和模式Ⅱ的划分并不是绝对的。同一教学内容既可以按照模式Ⅰ，也可以按照模式Ⅱ来设计。以假说及其验证为主要内容的模式Ⅱ，由于要求学生大胆地进行想象和推测，发表自己的看法，因而对培养学生“科学探究与创新意识”素养的作用力度更大。

思考题：

1. 试从系统、静态视角和过程、动态视角分析化学实验的构成要素。
2. 化学实验设计的基本原则是什么？
3. 请你选择初、高中任一教学内容，试着开展化学实验教学设计。
4. 请你思考实验探究教学的优势是什么？

第八章　化学教学反思和化学学习评价

化学教学反思和化学学习评价是教师自觉地对课堂教学和学生的学习等相关情况进行的价值判断。教师为什么要进行教学反思？反思什么？如何评价学生的学习表现？认真回答这些问题是促进教师职业发展的重要途径。

第一节　化学教学反思

化学教学反思是教师根据先进的教学理论和实践经验，对自己的教学活动有意识地进行分析和再认识的过程。

一、化学教学反思的功能

（一）丰富教师的实践知识

教师教育教学效能提高更为重要的是实践性知识。[①] 教师的教学实践知识是指教师在教学活动中，通过完成特定领域内的任务，经过多次反思、总结、建构起来的关于课堂情境的知识及与之相关的知识，是教师对教学实践经验的提炼和升华。[②] 教学实践知识不能通过系统学习或他人的教学实践而获得，因此教师必须通过在日常教学实践过程中不断地反思、累积而形成。教师的教学实践知识主要包括基于有限情境的经验性知识、案例知识、以实践性问题解决为中心的综合多学科知识、个体性格决定的个性知识、隐性知识等。

---

① 张立昌．试论教师的反思及其策略［J］．教育研究，2001（12）：17－21.

② 刘知新主编．化学教学论：第四版［M］．北京：高等教育出版社，2009：317.

（二）有助于促进教师的专业发展

教师的专业发展是内部反省和外部影响共同作用的结果。内部反省的目的是自知，教师的自知是进行教学质量提升、教学实践创新的内在驱动力。教师通过客观、深入地剖析课堂教学案例，总结经验，发现问题，重新认识课堂教学中的成功经验和不足，寻找解决方法，采取合理的行动，才能不断地改进课堂教学、提升自己。

（三）有助于提升教师的决策能力

教师决策能力是影响教学进程的重要因素之一。教师决策能力是指教师在一定的教学情境中根据实际情况对可能影响决策的因素进行综合研判，从而超越原有经验而做出的决定。教师决策能力不是通过培训等外部驱动形成的，而是教师在长期的教学实践中进行自我反思、自我提升的结果。

二、化学教学反思的过程

化学教学反思的过程一般分为四个阶段，如图 8－1 所示。

确定关注的内容 → 观察和分析 → 建立理论假设 → 实践验证

图 8－1　化学教学反思过程示意图

（一）确定关注的内容

教师通过教学实践的思考，确定某些方面作为反思内容。例如，在化学课堂上，进行演示实验教学时，有些学生不关注演示实验过程，而更多关注教材内容，导致教师对演示实验教学产生怀疑。

（二）观察和分析

教学反思要求教师要进行认真的观察和分析，用批判的眼光看待自己的教学理念、教学设计、教学行为、教学态度等。观察自己的教学表现和学生的学习表现，通过自我批判、请教他人、查阅资料等方式分析问题及其产生的原因。例如，教师在课堂上做演示实验，发现部分学生注意力不集中，不仔细观察实验现象。教师就需要对这一现象做出反思：是实验导入不成功，还是学生对演示实验没有兴趣？还是有其他原因？

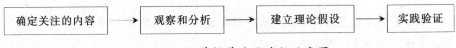

（三）建立理论假设

在了解了问题的成因后，教师需要重新审视自己的教学行为、教学态度。积极寻找新的教学理论和教学策略解决当前面临的问题，形成新的、创造性的解决问题的方法。教师需要寻求解决问题的策略方法，如将演示实验改为投影实验，使得学生对实验过程和实验现象的观察更方便，或者邀请学生来辅助实验操作，并描述实验现象，增强其参与感，提升兴趣。

（四）实践验证

在建立新的理论假设的基础上，教师要实施计划验证其可行性和合理性。教师将自己想到的解决问题的方法应用在课堂教学实践中，学生通过亲身参与到活动中，实验兴趣以及学习兴趣都有了很大提升。

三、化学教学反思的方法

化学教学反思方法多种多样，教师可以根据自己的实际情况进行选择。目前，学术界认为较为有效的教学反思方法如下：

（一）写教学日志

教师在上完一节课后，将课堂教学过程中的成功经验、心得体会以及课堂教学中出现的问题记录下来，与同事、专家等共同进行分析、研讨，寻找解决问题的方法，强化成功经验的策略，整理后附在教案后面。写教学日志有助于教师联系自己的教学实践经验内化新的信息，形成个人的实践认知。

（二）观摩和交流

观摩和交流是指教师之间通过互相听课、互相评课、互相提问题来指出问题和不足，共同研究解决方案，从而共同进步，共同提高课堂教学效果。

（三）专题研究

专题研究是指教师将教学过程中经常遇到的问题总结归纳成几个专题，邀请专家、同事进行共同座谈、研讨，集思广益，商定解决问题的方法，寻求解决方案。

（四）再现反省

再现反省是指教师通过摄像机、手机等设备把课堂教学情景记录下来，通过反复观察课堂教学过程并评析课堂教学，或者请专家、同事结合课堂教学情景进行有针对性的指导、点评。

（五）行动研究

行动研究是指教师通过行动和研究相结合，创造性地运用教学理论来研究教学过程中遇到的具体问题。其基本模式是提出假设、进行实际研究、分析、得出结论。这是一种较为有效的反思性研究。

四、化学教学反思的内容

化学教学反思的内容包括教学设计、教学过程、教学效果等。

（一）对化学教学设计的反思

教学设计作为课堂教学的实施计划，不仅是教师教学的依据，也是教师进行自我反思的主要依据之一。教师不仅要在做教学设计时进行反思，也需要在实施中及实施后进行反思，更准确地发现教学设计的不足。对其反思主要包括如下几个方面：

1. 化学教学目标是否与化学课程标准中的课程目标一致？
2. 化学教学设计的起点是否与学生的认知发展水平匹配？
3. 选择的教学内容是否能够满足学生的发展需求？
4. 教学素材的选择是否恰当？
5. 教学方法、教学策略是否有利于化学教学目标的达成？
6. 教学活动的设计是否有利于知识建构、知识迁移？

（二）对化学教学过程的反思

教学过程主要包括教和学的活动。教师如何发挥引导作用？如何体现学生的主体地位？教师需要不断地对此做出反思，优化课堂教学。对其反思主要包括如下几个方面：

1. 化学教学内容的呈现方式是否恰当？
2. 课堂教学过程中师生之间、生生之间的交流是否有效？
3. 对学生活动的组织、指导是否合理、有效？
4. 学生是否积极地参与到学习活动中？
5. 对课堂上的突发情况等的调控处理是否妥当？

根据上述问题，教师可以判断自己是否达到了教学目标要求，是否需要调整或尝试新的教学策略。

（三）对课堂教学效果的反思

课堂教学效果是指在课堂教学实践后，对学生达成学习目标的情况做出的判断。对其反思主要包括如下几个方面：

1. 学生是否掌握了教学重点？是否突破了教学难点？

2. 学生在学习过程中出现了哪些困难？是什么原因造成的？

3. 学生的核心素养是否得到发展？

对课堂教学效果的反思有利于教师及时发现教学设计及其实施过程中的不足并进行相应调整，使教学以一种最优化的形式达成教学目标，从而提升教学质量。

五、【案例】关于《物质转化程度的定量探究——化学平衡常数》的教学设计反思

下面是一位一线教师关于教学设计的真实反思案例。

本节课的教学设计共进行了四次大幅度的修改、完善，具体过程如下：

第一次，题目为“化学平衡常数”，主要从知识框架、典型习题等方面进行了设计。经过分析，本教学设计与常态课的教学设计没有什么差异，贴上了“素养”标签，但学生获得的只是静态的、散点的知识，不具有动态发展的素养功能和解决真实问题的“本事”，因此仍是知识取向课。在反思基础上提出了如下问题：这节课的素养功能是什么？通过这节课，究竟要教给学生什么本事？明确一节课的素养功能是教师设计素养课的前提，需要教师对所教内容进行深刻的化学学科理解，从学科层面驾驭所教内容。在此基础上进行了第二次教学设计。

第二次，题目仍为“化学平衡常数”，但是在第一次的基础上，梳理了《物理化学》中关于化学平衡的相关内容，从化学热力学视角进行了设计。教学设计中包括大量的学科概念和复杂的公式推导。经过分析，本节课的取向仍是深挖学科知识，没有体现具有学科内容特质的思维方式和方法。教师仍然需要对第一次提出的问题进行深入分析解读。

第三次，题目仍为“化学平衡常数”，围绕“具有学科特质的思维方式和方法”，又研读了很多化学史资料，形成了新版教学设计。经过分析，这一节课又走向了化学史教育，尽管设计中涉及了学科思维方式的内容，但没有引导学生抽提出解决问题的认识视角和一般思路。在反思基础上提出了如下问题：

化学家为什么要建立“K”这一概念？它要解决什么问题？它的学科功能到底是什么？

第四次，在第一次和第三次所提问题的基础上，进一步深入思考。将“K”与“限度”建立关联，将“限度”与“物质最大转化程度”建立关联，提炼本节课的学科本原性问题：对物质转化程度的定量表征。抽提出 K 和 Q 是定量认识物质转化程度的认识视角，这就是本节课具有学科特质的素养功能。通过本节课的学习，学生应能认识任意反应进度的物质转化程度，解决陌生情境下的新问题。在此基础上，完成了第四版《化学平衡常数》的教学设计，并将课例名称改为《物质转化程度的定量探究》，实现了本节课素养功能的显性化。

从上述案例可以发现，作者在教学设计修改、完善过程中主要从以下四方面进行了深入思考：

确定关注的内容。该教师在第一次的教学实践后，确定了应关注的内容：化学平衡常数的素养功能，即：这节课究竟要教给学生什么本事？

观察和分析思考。该教师通过深入的思考得出结论：对教学内容素养功能的分析，应建立在对所教授内容进行深入的学科理解的基础之上。

寻求理论支持。该教师在专家团队的指导下，明晰了学科理解概念的内涵和外延。在理论的指导下提出本原性问题：对物质转化程度的定量表征；抽提出关于本原性问题的认识视角和思路：K 和 Q。

实践验证。该教师在最后的教学实践中，引导学生结构化、显性化地将“K”与“限度”建立关联，将“限度”与“物质最大转化程度”建立关联；培养了学生具备该主题特质的思维方式，发展了学生的化学核心素养。

第二节　化学学习评价

化学学习评价包括化学日常学习评价和化学学业成就评价。①

① 中华人民共和国教育部．普通高中化学课程标准（2017 年版）[S]．北京：人民教育出版社，2018：74.

一、化学日常学习评价

化学日常学习评价是化学学习评价的重要表现形式，是实施“教—学—评”一体化教学的重要组成部分。其主要功能是诊断学习效果、改进教学、促进课程目标落实。

（一）化学日常学习评价的类型

1. 化学学习活动表现评价

化学学习活动表现评价是指通过收集和分析学生在化学学习活动中的学习表现，反映学生核心素养的发展过程，诊断学生的收获、问题和水平。其主要功能是促使学生对化学学习过程进行积极反思和总结，促使教师对教学过程进行反思和改进。

化学学习活动表现评价的目的是考查学生理解和运用知识的水平、分析和解决问题的思路、实验操作技能，了解学生知识理解、应用实践和迁移创新能力，诊断学生核心素养发展水平，考查学生合作交流能力、主动参与意识、科学思维品质和情感态度变化。

明确化学学习活动的功能价值是进行活动表现评价的基础，进一步明确评价的着力点。化学学习活动包括实验探究活动、调查与交流活动、科学认识活动和项目式学习活动等类型。实验探究活动的功能价值是培养学生的实验基本操作技能，使其通过实验观察获得化学事实，培养证据推理能力等。调查与交流活动的功能价值是培养学生收集、选择、自主加工信息的能力，使学生认识到理论化学知识与社会生产生活实际的紧密联系，培养学生沟通、论证、语言表达等能力。科学认识活动的功能价值是培养学生从学科视角认识学科知识、学科思维方式方法的能力。项目式学习活动的功能价值是培养学生促使其像科学家一样思考问题、做事情，培养学生提出问题、搜集信息、设计和实践操作，最终解决问题并分享项目成果的能力。

2. 化学作业评价

化学作业是化学课堂教学的延续和强化。其主要功能是复习巩固、拓展延伸、素养提升等。作业设计的基本要求：保证作业的基础性，作业布置要面向全体学生；增加实践性作业、弹性作业和跨学科作业；作业是发展核心素养的重要途径，要保证核心素养的全面发展需要多方向、多角度布置作业；合理规划作业的内容、类型、难度、数量和完成时间，保证作业既能发挥其价值，又符合单元学习目标的总要求；作业设计要体现整体性、多样性、选择性和进阶性；适当增加迁移性作业，结合生产生活实际问题，以及跨学科问题、社会热点等，增加科普阅读、动手实践、社会调查等综合性实践型作业。

3. 化学档案袋评价

化学档案袋评价是指评价者（化学教师、家长、学生自己、同伴）依据档案袋中的材料，对学生的化学学习情况进行的客观、综合评价。档案袋中的材料分为素材型材料、反思型材料、交流型材料三种类型。所谓素材型材料是指反映学生化学学习情况的原始材料，如作业、试卷等；反思型材料是指学生对自己的化学学习情况进行的自我评价，如学习活动中的表现、实验失败的原因等；交流型材料是指化学教师、家长、同伴等对学生学习情况进行的评价，主要以激励为主，在肯定其成绩的基础上，进一步提出发展方向。

4. 化学阶段性学业质量评价

化学阶段性学业质量评价通常以半学期或一学期为时间节点，以纸笔测验为主，兼顾学习活动表现评价和档案袋评价。其主要目的是对学生的核心素养发展情况进行阶段性检测和诊断。纸笔测验、学习活动表现评价和档案袋评价属于不同类型的评价方式，需要科学、合理地确定不同类型的评价在结果中的权重。而且评价试题的数量和难度要与本学段的化学学业质量水平保持一致。

（二）化学日常学习评价目标的制订

评价目标是评价工具制订、评价实施、评价结果分析和应用的重要依据，是发挥评价诊断与发展功能的重要基础。

1. 化学日常学习评价目标的制订依据

《普通高中化学课程标准（2017 年版 2020 年修订）》和《义务教育化学课程标准（2022 年版）》分别制定了核心素养导向的课程目标，并且提出了学业质量要求和各学习主题的学业要求，这为评价目标的制定提供了依据和指导。

2. 化学日常学习评价目标的构成要素

学业质量标准相对宏观，是对某一年级或学段的化学学习的整体评价；学业要求相对微观，具体到某一化学学习主题的学习表现的评价。以义务教育学业质量与学业要求为例分析化学日常学习表现评价的构成要素，如表 8－1 所示。

表 8-1　学业质量与学业要求的示例与分析①

	示　例	构成要素分析
学业质量	在探索化学变化规律及其解决实际问题的情境中，能基于化学变化中的元素种类不变、有新物质生成且伴随能量变化的特征，从宏观、微观、符号相结合的视角说明物质变化的现象和本质；能依据化学变化的特征对常见化学反应进行分类，说明不同类型反应的特征及其在生活中的应用；能依据质量守恒定律，用化学方程式表征简单的化学反应，结合真实情境中物质的转化进行简单计算	要素 1：核心知识，如“化学变化的特征”“质量守恒定律”等 要素 2：学科思想、学科观念或学科认识，如“从宏观、微观、符号相结合的视角” 要素 3：研究对象及问题情境，如“在生活中的应用”“真实情境” 要素 4：任务类型：如“说明”　“表征”等 要素 5：水平要求：如“简单计算”
学业要求	能判断常见的物理变化和化学变化，并能从宏观和微观的视角说明二者的区别；能辨析常见的化合反应、分解反应、置换反应和复分解反应 能选取实验证据说明质量守恒定律，并阐释其微观本质；能根据实验事实用文字和符号描述、表示化学变化，并正确书写常见的化学方程式 能利用化学反应相关知识分析和解释自然界、生产生活、实验中的常见现象；能基于守恒和比例关系推断化学反应的相关信息；能根据化学方程式进行简单的计算，并解决生产生活中的简单问题 能基于真实的问题情境，多角度分析和解决生产生活中有关化学变化的简单问题	要素 1：核心知识，如“物理变化和化学变化”“化合反应、分解反应、置换反应和复分解反应”“质量守恒定律”等 要素 2：学科思想、学科观念或学科认识，如“从宏观和微观的视角” 要素 3：研究对象及问题情境，如“自然界、生产生活中有关化学变化的简单问题” 要素 4：任务类型：如“判断”“辨别”“阐释”“分析和解释”“推断”等 要素 5：水平要求：如“多角度分析和解决”体现了解决问题，完成任务的水平，“辨别”与“阐释”体现了对反应类型和质量守恒定律的不同水平要求

从表 8-1 可以看出，核心素养导向的评价目标的构成要素包括核心知识、学科思想、学科观念或学科认识、研究对象及问题情境、任务类型、水平要求等。

① 义务教育化学课程标准修订组．义务教育化学课程标准（2022 年版）解读［M］．北京：高等教育出版社，2022：281.

3. 化学日常学习评价目标制订的基本思路

坚持立德树人，以核心素养为导向。评价目标的制订要落实立德树人的根本任务，培养有理想、有本领、有担当的时代新人；要以核心素养培养为根本落脚点，体现学科育人价值，形成适应个人终身发展和社会发展所需要的正确价值观念、必备品格和关键能力。教师要依据学业质量标准和命题计划，参考相关主题内容要求和学业要求，科学确定评价目标及要求。

依据学业质量标准和学业要求，确定评价内容和水平。评价目标必须与核心素养、学业质量标准和学业要求相一致。在确定评价内容和水平时，应根据学业质量标准和各学习主题的学业要求提炼出评价内容，根据其年级、学段确定评价目标，明确其构成要素中的具体内容。

根据学习进程，制订进阶性评价目标。围绕核心知识，结合学生的学习进程，制定关键能力水平进阶，学生通过核心知识学习能够做什么，设计体现不同能力层级水平的评价指标。

准确表述评价目标。评价目标的表述要包括其构成要素，可以通过利用（知识）、应用（思路）等方式明确其中的核心知识和核心素养内涵；用表现性行为动词明确评价任务类型，如“辨识”“分析”“预测”“评价”等，清晰地说明能够做什么；用“真实情境”“在生活中的应用”等说明研究对象和问题情境；用“自主调用”“多角度分析”等限定性词语界定评价的水平要求，任务类型和问题情境也可以在一定程度上说明水平要求。

（三）化学日常学习评价策略

1. 加强过程性评价。过程性评价的功能是诊断学生核心素养发展情况，指出下一步发展方向。学生课堂学习、实验探究、跨学科实践活动、课后作业、单元检测、阶段性学业质量检测都是过程性评价的重要信息来源，为教学改进提供依据。

2. 改进终结性评价。终结性评价包括纸笔测验、实验操作等基本形式。改进终结性评价，要求教师要整体规划试卷结构，系统指定多维细目表，科学确定评价目标及要求，精选情境素材，合理调控问题复杂难度，科学设置试题任务，让学生能够展示其真实的素养水平。

3. 深化综合评价，探索增值评价。所谓综合评价是指对学生化学学习的全过程进行多层次、多维度评价。深化综合评价要根据指标体系的重要程度进行加权处理；将量化评价与质化评价有机结合；合理开展自评、互评和教师评价；提倡用评语形式对学生的突出表现或学习感悟进行补充。在评价过程中要关注学生核心素养发展的增值情况，使用统计分析方法计算增值，评价学生的努力情况和进步程度，发挥增值评价的激励和助推作用。

4. 用好评价结果。做好评价结果的分析和解释，充分发挥评价结果的诊断功能和激励、发展功能，做好评价结果的反馈和指导。给学生的反馈包括评语和数据，基于评价结果做出有针对性的分析，并给出进一步提升建议；给教师的反馈，结合日常教学的调研分析，提出教学改进建议；给教学管理人员的反馈，关注增值评价和学校的典型经验；给地方教育行政部门的反馈，可以从课程建设、课堂教学改革、教学资源研发和教师专业素养发展等方面为教育质量提升提供政策性建议。

二、化学学业成就评价

（一）义务教育化学学业水平考试①

义务教育化学学业水平考试命题由省级或市级教育行政部门组织实施。其目的是评价学业质量的达成程度，反映学生核心素养的发展状况，以及为普通高中选拔生源（即“合格考”与“选拔考”两考合一）提供标准。义务教育学业水平考试由纸笔测试、实验操作性考试和跨学科实践活动三部分组成。

1. 命题原则

依据课程标准。依据课程标准所规定的课程目标、内容要求、学业要求、学业质量标准命题，认真开展必做实验和实践活动的考查。

坚持核心素养立意。围绕核心素养进行试题设计、开发，创设真实情境，适当提高应用性、探究性和综合性试题比例，全面考查学业质量。

保证科学性和规范性。明确命题目标，严格命题程序，优化命题技术，确保试题试卷的政治性、公平性、科学性、规范性。建设高质量的命题队伍。

2. 命题规划

确保试卷结构合理。试卷内容要覆盖课程标准中各学习主题的核心内容。

---

① 中华人民共和国教育部．义务教育化学课程标准（2022 年版）[S]．北京：北京师范大学出版社，2022：48－50.

试卷通常包括选择题和非选择题两部分，保持合理比例，难度适当，符合测试的性质和目的要求。

系统制订多维细目表。多维细目表的维度包括核心素养、学习主题的核心内容、学业质量、情境素材类型，以及题型、分值、题目难度等基本要素。确保分值比例合理，符合测试的性质和目的要求，保证试卷的整体性和均衡性。

3. 命制程序

试题命制的基本程序，如图 8-2 所示。

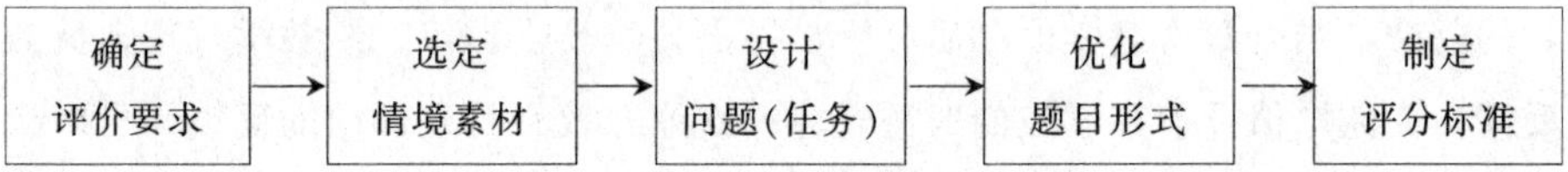

图 8-2　试题命制的基本程序

确定评价要求。依据学业质量和命题规划，参考内容要求和学业要求，科学确定评价目标和要求。关注各学习主题间的学业要求的联系，体现不同的能力层级水平。

选定情境素材。选取与学科内容紧密关联的情境素材，关注其真实性、适用性和包容性。确保信息的权威性，防止出现政治性、科学性错误。改编原始情境时，根据学生的知识基础和活动经验基础优化素材的呈现方式。根据学生的认知规律，调整素材的陌生度和复杂度与问题类型相匹配。

科学设计问题（任务）。基于情境设计任务，注意设问点对核心素养考查的进阶性，设计考查辨识记忆、概括关联、分析解释、推论预测、简单设计、综合问题解决等多种任务类型的试题。

丰富试题的呈现形式。积极设计科普阅读、社会性科学议题探讨、辩论等多种形式的题目，以及项目式学习、主题式学习形式的题目，设计连线、作图等多种试题作答形式，适当增大试题的开放程度。

科学制定评分标准。依据题目对应评价目标及要求，既考虑答案的正确性、包容性，又关注核心素养的表现。

（二）普通高中化学学业水平考试①

普通高中学业水平考试包括学业水平合格性考试（以必修课程要求为准）

① 中华人民共和国教育部．普通高中化学课程标准（2017 年版）[S]．北京：人民教育出版社，2018：77-79.

和学业水平等级性考试（以必修和选择性必修课程要求为准）。其目的是评价学生的化学学科核心素养的发展状况和学业质量标准的达成程度。

1. 命题原则

以化学学科核心素养为测试宗旨。熟悉、理解化学学科核心素养的内涵和水平描述，并以学业质量标准为依据，提炼、确定各试题的测试目标。

以真实情境为测试载体。试题情境应紧密联系学生学习和生活实际，体现科学、技术、社会发展的成果，注重情境的针对性、启发性、过程性和科学性，形成与测试任务融为一体、具有不同程度的陌生度、丰富而生动的测试载体。

以实际问题为测试任务。试题测试任务应融入真实、有意义的测试情境；试题内容的问题应与课程标准中的内容要求相一致，突出学科核心概念与观念，符合学生的心理发展阶段和认识发展水平，与核心素养和测试目标保持一致。

以化学知识为解决问题的工具。化学知识是解决实际问题、完成测试任务不可或缺的工具，结合命题宗旨和目标，根据测试任务、情境的需要，系统梳理解决问题所要运用的化学知识与方法，注重考查学生灵活运用结构化知识解决实际问题的能力。

命题要准确把握素养、情境、问题、知识之间的密切关系，情境的设计、知识的运用、问题的提出与解决应有利于实现对学生核心素养的测试。

2. 命题程序

以化学学科核心素养为导向的一般命题程序如图 8-3 所示。

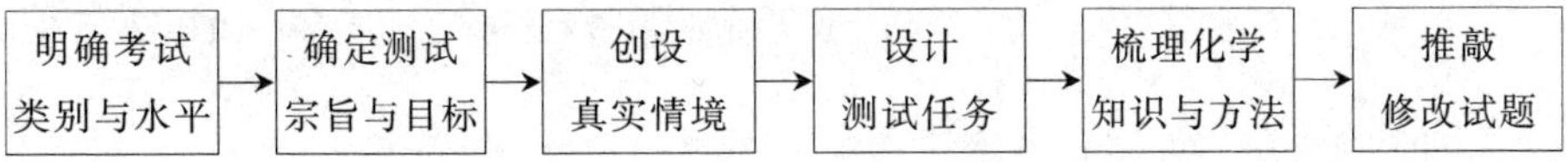

图 8-3　一般命题程序

明确考试类别与水平。高中化学学业水平考试包括学业水平合格性考试和学业水平等级性考试两类。合格性考试以必修课程为准，按照学业质量标准水平 2 的要求进行试题命制；等级性考试以必修课程和选择性必修课程为准，按照学业质量标准水平 4 的要求进行试题命制。

确定测试宗旨与目标。测试宗旨是指命制的试题要测试学生的哪些化学学科核心素养。测试目标即评价目标，根据测试宗旨，从学业质量标准中提炼应达到的学业水平。

创设真实情境。真实情境的创设与测试任务设计、化学知识间密切相关，需要综合考虑设计。

设计测试任务。测试任务即评价任务，是指在某种特定的情境下，围绕该试题的测试目标而设计，要求学生运用相关化学知识和技能来解决的一个或几个具体问题。

梳理化学知识与方法。命题者需要依据课程标准中的内容标准和该试题的测试目标，对解决问题的化学知识和技能进行认真梳理，确保试题符合考试类别和目标要求。

推敲修改试题。试题命制是一个推敲、修改、再推敲、再修改的过程，如此反复数次以确保命题质量和水平。

三、【案例】以 2022 年四川省南充市诊断性考试试题的命制为例

某课题组做了如下研究，该工艺经论证可用于实际工业：

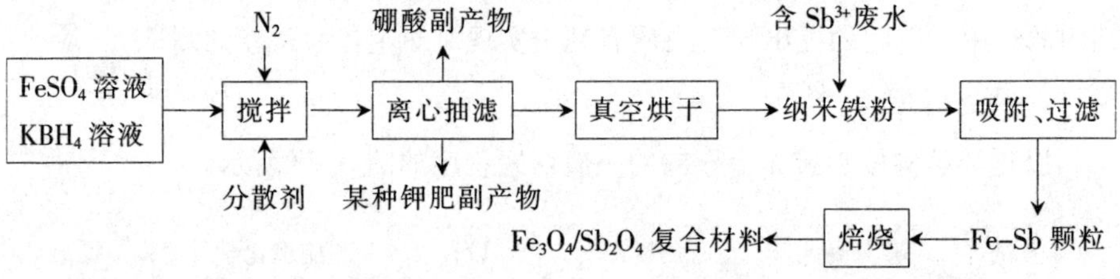

已知：纳米铁粉的粒径为 20nm～50nm，微粒聚集得非常均匀。

回答下列问题：

(1)“搅拌”过程发生反应的离子方程式为________，N_2 和分散剂的作用分别为________和________。

(2) 从微观角度解释纳米铁粉能够高效吸附水体中 Sb^{3+} 的原因________。

(3) 纳米铁粉（nZVI）投加量对废水中 Sb^{3+} 的去除效率如图所示。

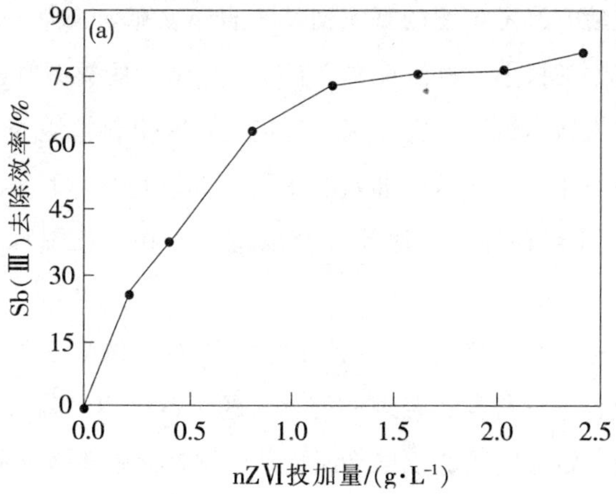

Sb^{3+} 的去除效率随纳米铁粉投加量增加而升高的原因是________。

(4) Fe $(OH)_2$ 的溶度积为 $K_{sp}=4.9\times10^{-17}$，则 0.01mol·L^{-1} $FeSO_4$ 溶液的 pH 范围是________（保留三位有效数字）。(lg7=0.85)

(5) 将 Fe_3O_4/Sb_2O_4 复合电极材料作为电解池的阴极浸入 Li^+ 溶液中，充分电解，铁元素与锑元素均转变为单质，则得到 Sb 的阴极反应方程式为________。

(6) 该研究用于实际工业的价值是________。

【答案】

(1) $Fe^{2+}+2BH_4^-+6H_2O=Fe+H_3BO_3+7H_2\uparrow$（2 分）

防止空气干扰（1 分）均匀分散反应物，有利于得到纳米铁粉（1 分）

(2) 纳米铁粉有很大的比表面积（或纳米铁粉有活性位点）(2 分)

(3) 随纳米铁粉投加量的增加，纳米铁粉表面积增大（或活性位点增多）(2 分)

(4) pH≤7.15（或 pH<7.15）(2 分)

(5) $Sb_2O_4+8Li^++8e^-=2Sb+4Li_2O$（2 分）

(6) 工业废物资源化（类似表达即可）(2 分)

明确考试类别与水平，确定测试宗旨与目标。高三年级市级诊断性考试的目的是诊断教学，也具有模拟高考的作用，是一种常模参照考试。因此，试题的类型、素材范围、信度、效度、难度系数等均应与高考试题保持一致。

创设真实情境。高考试题的真实情境来自于文献，文献有如下几种样态：大学教科书、高中教科书、科研论文、新闻等。情境的类型有：生活情境、生产环保情境、学术探索情境、实验探究情境、化学史料情境等①。本例素材源自科研论文《高值化利用含Sb（Ⅲ）废水制备Fe_3O_4/Sb_2O_4@C复合材料及其性能研究》（作者刘程锦、文敏玥、聂淑晴、缪畅、肖围），属于生产环保情境。

设计测试任务。依据普通高中化学课程标准对命题参考文献的内容进行挖掘，再对文献内容进行科学、合理的简化。题干部分以“流程图＋语言阐述”的形式进行呈现。设置问题的依据是课标，载体是命题参考文献的原理、操作或数据等。

以本题为例进行说明。命题参考文献中对于高值化利用含Sb（Ⅲ）废水制备Fe_3O_4/Sb_2O_4@C复合材料的制备过程阐述如下：

> 纳米零价铁（nZVI）颗粒的制备：采用液相还原法制备nZVI，反应过程如式（1）～（2）所示。准确称取20.7481g $FeSO_4 \cdot 7H_2O$溶于200mL（1＋4）乙醇溶液中，加入3.0g PEG—4000作分散剂，N_2气氛下缓慢加入过量的KBH_4溶液将铁离子还原为nZVI，反应完毕后，洗涤、离心抽滤，将黑色固体于真空条件下60℃烘干，即可制得nZVI，将其置于无水乙醇溶液中保存备用。
>
> Fe_3O_4/Sb_2O_4材料的制备：称取上述nZVI颗粒加入到一定浓度的含Sb（Ⅲ）溶液中，于25℃恒温水槽中进行吸附处理，一段时间后过滤，得到nZVI/Sb颗粒，冷冻干燥后置于氧气管式炉中，500℃保温8h，随炉冷却，即可制得Fe_3O_4/Sb_2O_4复合材料。
>
> Fe_3O_4/Sb_2O_4@C复合材料的制备：按Fe_3O_4/Sb_2O_4与葡萄糖物质的量比1∶4精确称取Fe_3O_4/Sb_2O_4和葡萄糖颗粒溶于100mL去离子水中，80℃水浴并蒸干后，置于氮气管式炉中600℃恒温烧结3h，随炉冷却，制得Fe_3O_4/Sb_2O_4@C复合材料。

① 江合佩，单旭峰，王春．高考化学试题真实情境的建构：思路、内涵与教学策略[J]．教育测量与评价，2023，1：51－61.

考虑到题面的容量，且 Fe_3O_4/Sb_2O_4 与葡萄糖颗粒烧结操作，并不是高中教学的主要内容，故试题设计的制备流程为从“纳米零价铁（nZVI）颗粒的制备”到“Fe_3O_4/Sb_2O_4 材料的制备”。原料的配比、干燥时间等属于不断试验后的最佳参数，不属于课程标准要求的内容，故在设计题干时不予考虑。去掉以上内容后，将制备过程制作为易读的路程图进行呈现，即得到题干。在阅读题干信息或解决实际问题时，若必需高中学生不具备的知识，则以信息的形式给出。如本例题中“已知纳米铁粉的粒径为 20nm～50nm，微粒聚集得非常均匀”。

题干信息设计完成以后，进行问题的设置。问题的设置依据虽然是课程标准，但载体是题干信息，因此问题的设置要围绕题干信息展开。下表显示了本例题设置的问题与课程标准以及题干信息的对应关系，如表 8－2 所示。

表 8－2　问题设置与学业要求和学业质量的对应关系

问题设置	课程标准	题干信息
(1) 第一空	学业要求：能用化学方程式、离子方程式正确表示典型物质的主要化学性质 学业质量：能选择简明、合理的表征方式描述和说明化学变化的本质，能根据化学反应原理预测物质转化的阐述	$FeSO_4$ 与 KBH_4 的反应
(1) 第二空	学业要求：能初步解释化学实验和化工生产中反应条件的选择问题 学业质量：能在物质及其变化的情境中，依据需要选择不同方法，从不同角度对物质及其变化进行分析和推断	纳米铁粉的粒径为 20nm～50nm，微粒聚集得非常均匀
(2)	学业要求：能举例说明物质在原子、分子、超分子、聚集态等不同尺度上的结构特点对物质性质的影响 学业质量：能根据物质的类别、组成、微粒的结构、微粒间作用力等说明或预测物质的性质	纳米铁粉与含 Sb^{3+} 废水混合操作
(3)	学业要求：能观察并如实记录实验现象和数据，进行分析和推理，得出合理的结论 学业质量：能用数据、图表、符号等描述实验证据并据此进行分析推理形成结论	纳米铁粉与含 Sb^{3+} 废水混合操作

续　表

问题设置	课程标准	题干信息
(4)	学业要求：能选择实例说明溶液 pH 的调控在工农业生产和科学研究中的重要作用 学业质量：能基于物质性质提出物质在生产、生活和科学技术等方面应用的建议和意见	原料之一 $FeSO_4$ 溶液的配制
(5)	学业要求：并能利用相关信息分析化学电源的工作原理 学业质量：能在物质及其变化的情境中，依据需要选择不同方法，从不同角度对物质及其变化进行分析和推断	工业产品在下游产业的应用
(6)	学业要求：能对实验方案进行评价 学业质量：能说明化学科学发展在材料合成、环境保护、保障人类健康、促进科学技术发展等方面的重要作用	对全工业流程的评价

梳理化学知识与方法。实际上，梳理化学知识与方法与设置问题任务是同步进行的。在设置问题任务的过程中，命题教师基于命题文献和双向细目表，思考如何将重要化学知识与方法体现在问题的设置里。本例题设置的问题和化学知识与方法的对应关系，如表 8－3 所示。

表 8－3　问题设置与化学知识和方法的对应关系

问题设置	化学知识和方法
(1) 第一空	分析工艺流程，“搅拌”的目的是制备纳米铁粉（Fe），“离心抽滤”得到硼酸（H_3BO_3）和一种钾肥，由于反应底物有 $FeSO_4$，则钾肥为 K_2SO_4，可写出反应 $Fe^{2+}+2BH_4^-+6H_2O=Fe+H_3BO_3+7H_2\uparrow$
(1) 第二空	$NaBH_4$ 和纳米铁粉都是强还原剂，在搅拌、离心抽滤过程中容易被空气氧化，可知 N_2 的作用是排除空气的干扰；题干中交代“纳米铁粉的粒径为 20nm～50nm，微粒聚集得非常均匀”，可知分散剂的作用是均匀分散反应物，有利于得到纳米铁粉。如果不加入分散剂，有可能得到的铁粉颗粒大小不均匀，粒径也很难控制在 20nm～50nm 的尺度范围内
(2)	物质的接触面积可以显著影响到速率，所以随纳米铁粉投加量的增加，纳米铁粉表面积增大，就可以提高吸附效率
(3)	随纳米铁粉投加量的增加，纳米铁粉表面积增大（或活性位点增多）

续　表

问题设置	化学知识和方法
(4)	$K_{sp}=c(Fe)c^2(OH^-)$，可以计算得到 0.01mol·L^{-1} $FeSO_4$ 溶液的 pH 范围是 pH≤7.15（或 pH<7.15）
(5)	试题提供的信息显示，将 Fe_3O_4/Sb_2O_4 复合电极材料作为电解池的阴极浸入 Li^+ 溶液中，充分电解，锑元素均转变为单质，再结合锂离子电池的阴极反应过程是向电极材料中嵌入 Li^+ 这一化学知识，可以写出阴极反应方程式，即 $Sb_2O_4+8Li^++8e^-=2Sb+4Li_2O$
(6)	分析工艺流程，前半程制备纳米铁粉，用纳米铁粉处理含 Sb^{3+} 废水，又将 Sb 元素作为资源，制备锂离子电池的正极材料。可见，该工艺的价值是工业废物资源化

推敲修改试题。推敲修改试题也称"磨题"，是命题组全体教师共同参与的，旨在严格把控试题的科学性、严谨性和适切性的讨论过程。命题教师在磨题过程中，常出现意见分歧，教师们依据自己在专门领域内积累的知识，并结合参考文献，对试卷中每一个细节进行讨论，甚至争论，最终达成一致。若始终存在不同意见，则去掉相应内容。

思考题：

1. 教师为什么要进行教学反思？应该反思什么？如何反思？

2. 化学日常学习评价包括哪几种类型？评价目标制订的依据是什么？由哪些要素构成？采用什么策略进行评价？

3. 义务教育和普通高中化学学业成就考试命题原则分别是什么？命题的一般程序是什么？

主要参考文献

一、课程标准及解读

[1] 中华人民共和国教育部．义务教育化学课程标准（2022 年版）[S]. 北京：北京师范大学出版社，2022.

[2] 中华人民共和国教育部. 普通高中化学课程标准（2017 年版）[S]. 北京：人民教育出版社，2018.

[3] 中华人民共和国教育部. 普通高中化学课程标准（2017 年版 2020 年修订）[S]. 北京：人民教育出版社，2020.

[4] 普通高中化学课程标准修订组. 普通高中化学课程标准（2017 年版）解读 [M]. 北京：高等教育出版社，2018.

[5] 义务教育化学课程标准修订组. 义务教育化学课程标准（2022 年版）解读 [M]. 北京：高等教育出版社，2022.

[6] National Research Council. National Generation Science Standards：For States，by States（Volume 1）. Washington：D. C. The National Academics Press，2013.

二、著作及学位论文

[1] 陈旭远. 课程与教学论 [M]. 长春：东北师范大学出版社，2002.

[2] 姜显光. 高中化学反应限度学习进阶研究 [D]. 长春：东北师范大学，2019.

[3] 梁慧姝，郑长龙. 化学实验论 [M]. 南宁：广西教育出版社，1996.

[4] 林崇德. 发展心理学：第 2 版 [M]. 北京：人民教育出版社，2009.

[5] 刘知新．化学教学论：第四版［M］．北京：高等教育出版社，2009.

[6] 舒炜光．科学认识论：第一卷［M］．长春：吉林人民出版社，1990.

[7] 舒炜光，李庆臻．科学认识论：第四卷［M］．长春：吉林人民出版社，1996.

[8] 王后雄．中学化学课程标准与教材分析［M］．北京：科学出版社，2012.

[9] 温·哈伦．科学教育的原则和大概念［M］．韦钰，译．北京：科学普及出版社，2011.

[10] 温·哈伦．以大概念理念进行科学教育［M］．韦钰，译．北京：科学普及出版社，2016.

[11] 余文森．核心素养导向的课堂教学［M］．上海：上海教育出版社，2017.

[12] 郑长龙，等．化学实验教学新视野［M］．北京：高等教育出版社，2003.

[13] 中国大百科全书编辑部．中国大百科全书：教育卷［M］．北京：中国大百科全书出版社，1985.

三、期刊论文

[1] 邓峰，钱扬义，柴颂刚，等．高中化学新教材（必修）图像系统的教学功能初步研究［J］．课程·教材·教法，2006（03）：78－81.

[2] 刁传芳．“应用教材分析”的内容与方法［J］．中学地理教学参考，1986（03）：34－38.

[3] 胡卫平．深入理解科学思维有效实施课程标准［J］．课程·教材·教法，2022，42（08）：55－60.

[4] 江合佩，单旭峰，王春．高考化学试题真实情境的建构：思路、内涵与教学策略［J］．教育测量与评价，2023，1：51－61.

[5] 姜显光，郑长龙．关于原子结构学科理解新视野［J］．化学教学，2022（04）：9－13.

[6] 姜显光，郑长龙．“学科素养为本”的课堂教学特征、挑战及策略［J］．教育理论与实践，2017，37（17）：10－12.

[7] 姜显光. 学科素养导向化学课堂学习表现评价任务设计：基于《普通高中化学课程标准（2017 年版）》教学与评价案例 [J]. 中小学教学研究，2022，23（04）：87-90.

[8] 姜显光，郑长龙，赵红杰. 提升教师学科理解能力：缘起、意义及策略 [J]. 化学教育（中英文），2022，43（17）：94-99.

[9] 姜显光，王明月. 促进“物质的量”概念本质理解的教学设计研究 [J]. 化学教学，2023，9：51-56.

[10] 姜显光，刘东方. 学科素养导向化学教学设计模式研究：基于《普通高中化学课程标准（2017 年版）》教学与评价案例 [J]. 化学教学，2022（08）：36-41.

[11] 李如密. 关于教学模式若干理论问题的探讨 [J]. 课程·教材·教法，1996（4）：25-29.

[12] 骆炳贤. 中学物理教材分析的原则 [J]. 齐齐哈尔学院学报（自然科学版），1990（01）：61-65.

[13] 单媛媛，郑长龙. 基于化学学科理解的主题素养功能研究：内涵与路径 [J]. 课程·教材·教法，2021，41（11）：123-129.

[14] 舒聪胜. 例谈化学新课程教学难点的突破 [J]. 现代中小学教育，2005（06）：25-27.

[15] 孙佳林，黄坤林，付文生等. “化学实验教学研究”课程的改革探索与实践 [J]. 化学教育（中英文），2023，44（12）：53-59.

[16] 孙佳林，郑长龙. 发展学生化学学科核心素养离不开化学实验 [J]. 化学教育（中英文），2019，40（05）：59-63.

[17] 唐建华. 化学实验教学应如何培养学生的科学素质 [J]. 中学化学教学参考，2001（Z1）：38-40.

[18] 田慧生. 落实立德树人任务教育部颁布义务教育课程方案和课程标准（2022 年版）[J]. 基础教育课程，2022（09）：5-8.

[19] 万延岚，李倩. 对《普通高中化学课程标准（2017 年版）》中“情境素材建议”的分析与启示 [J]. 化学教学，2019（07）：14-19.

[20] 王磊，黄鸣春. 科学教育的新兴研究领域：学习进阶的研究 [J]. 课程·教材·教法，2014，34（1）：112-118.

[21] 王海燕. 中学化学课程标准与教材分析方法研究 [J]. 内蒙古师范大学学报（教育科学版），2018，31（05）：120-124.

[22] 王青. 从大学物理教育反观中小学提问题能力的培养 [J]. 物理教学探讨，2021，39（01）：1-4.

[23] 王哲，何彩霞. 从 STSE 情境走向真实问题解决的化学教学 [J]. 化学教育（中英文），2022，43（03）：56-62.

[24] 吴俊明. 化学学科认知障碍及其诊断与消除 [J]. 化学教学，2018（04）：3-7.

[25] 姚云. 八十年代国内教改中教学模式的概括研究 [J]. 四川师范学院学报（哲学社会科学版），1994（3）：47-52.

[26] 翟蕾，郭芳侠. 基于初中生心理特征的物理教学策略 [J]. 教育教学论坛，2015（08）：167-168.

[27] 张立昌. 试论教师的反思及其策略 [J]. 教育研究，2001（12）：17-21.

[28] 张卫青，徐宝芳. 中学地理教材分析方法研究 [J]. 内蒙古师范大学学报（教育科学版），2011，24（08）：125-129.

[29] 郑长龙，迟铭. 从理念看变化：《义务教育化学课程标准（2022 年版）》解析 [J]. 教师教育学报，2022，9（03）：129-136.

[30] 郑长龙，孙佳林. “素养为本”的化学课堂教学的设计与实施 [J]. 课程·教材·教法，2018，38（04）：71-78.

[31] 郑长龙. 关于科学探究教学若干问题的思考 [J]. 化学教育，2006（08）：6-12.

[32] 郑长龙. 化学学科理解与“素养为本”的化学课堂教学 [J]. 课程教材教法 [J]. 2019，39（09）：120-125.

[33] 郑长龙. 大概念的内涵解析及大概念教学设计与实施策略 [J]. 化学教育（中英文），2022，43（13）：94-99.

[34] 郑长龙. 2017 年版普通高中化学课程标准的重大变化及解析 [J]. 化学教育（中英文），2018，39（9）：41-47.